KB137484

화학

기출문제 정복하기

9급 공무원 화학
기출문제 정복하기

개정3판 발행 2024년 01월 10일
개정4판 발행 2025년 01월 20일

편 저 자 | 공무원시험연구소
발 행 처 | ㈜서원각
등록번호 | 1999-1A-107호
주 소 | 경기도 고양시 일산서구 덕산로 88-45(가좌동)
교재주문 | 031-923-2051
팩 스 | 031-923-3815
교재문의 | 카카오톡 플러스 친구[서원각]
홈페이지 | goseowon.com

▷ 이 책은 저작권법에 따라 보호받는 저작물로 무단 전재, 복제, 전송 행위를 금지합니다.
▷ 내용의 전부 또는 일부를 사용하려면 저작권자와 (주)서원각의 서면 동의를 반드시 받아야 합니다.
▷ ISBN과 가격은 표지 뒷면에 있습니다.
▷ 파본은 구입하신 곳에서 교환해드립니다.

PREFACE
이 책의 머리말

모든 시험에 앞서 가장 중요한 것은 출제되었던 문제를 풀어봄으로써 그 시험의 유형 및 출제경향, 난도 등을 파악하는 데에 있다. 즉, 최단시간 내 최대의 학습효과를 거두기 위해서는 기출문제의 분석이 무엇보다도 중요하다는 것이다.

'9급 공무원 기출문제 정복하기－화학'은 이를 주지하고 그동안 시행되어 온 지방직 및 서울시 기출문제를 연도별로 깔끔하게 정리하여 담고, 문제마다 상세한 해설과 함께 관련 이론을 수록한 군더더기 없는 구성으로 기출문제집 본연의 의미를 살리고자 하였다.

환경직 공무원 시험의 경쟁률이 해마다 점점 더 치열해지고 있다. 이럴 때일수록 기본적인 내용에 대한 탄탄한 학습이 빛을 발한다. 수험생은 본서를 통해 변화하는 출제경향을 파악하고 학습의 방향을 잡아 효율적으로 학습할 수 있을 것이다.

1%의 행운을 잡기 위한 99%의 노력!
본서가 수험생 여러분의 행운이 되어 합격을 향한 노력에 힘을 보탤 수 있기를 바란다.

STRUCTURE

이 책의 특징 및 구성

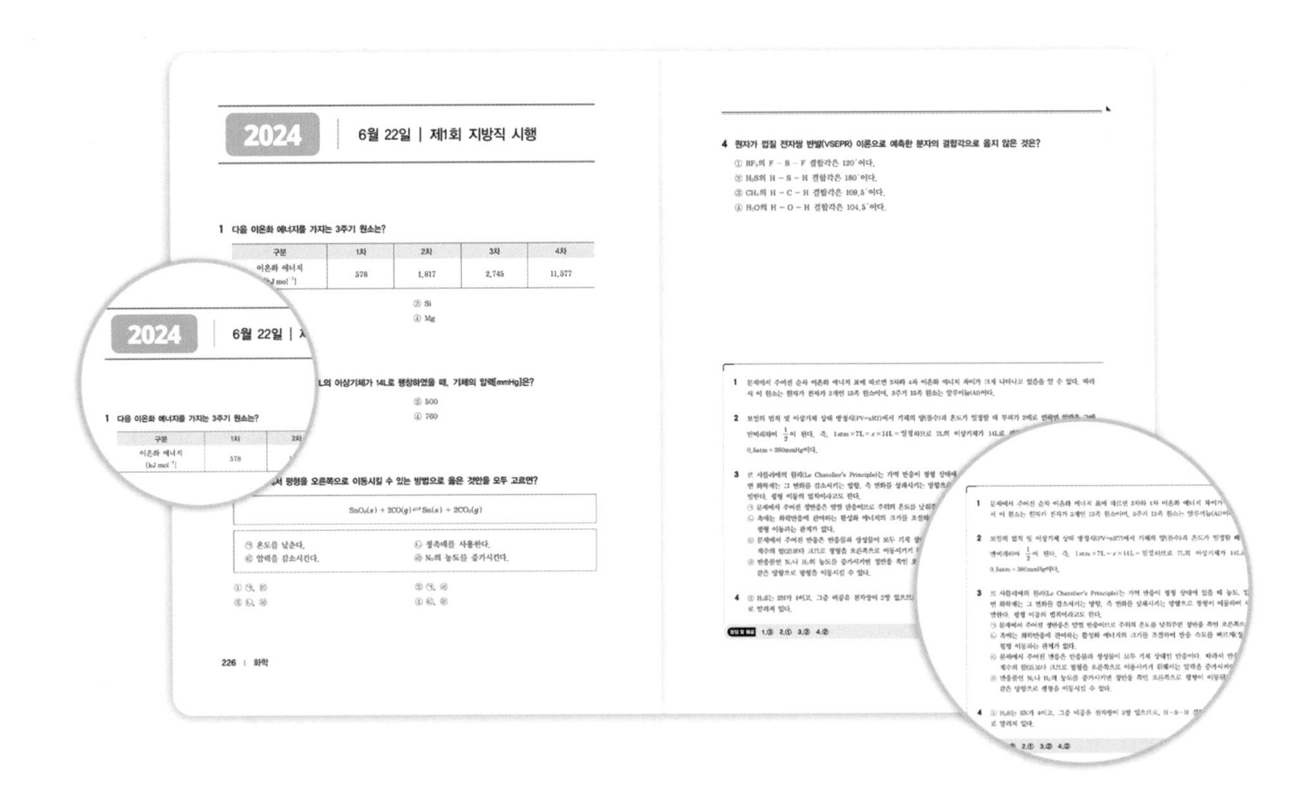

최신 기출문제분석

최신의 최다 기출문제를 수록하여 기출 동향을 파악하고, 학습한 이론을 정리할 수 있습니다. 기출문제들을 반복하여 풀어봄으로써 이전 학습에서 확실하게 깨닫지 못했던 세세한 부분까지 철저하게 파악, 대비하여 실전대비 최종 마무리를 완성하고, 스스로의 학습상태를 점검할 수 있습니다.

상세한 해설

상세한 해설을 통해 한 문제 한 문제에 대한 완전학습을 가능하도록 하였습니다. 정답을 맞힌 문제라도 꼼꼼한 해설을 통해 다시 한 번 내용을 확인할 수 있습니다. 틀린 문제를 체크하여 내가 취약한 부분을 파악할 수 있습니다.

CONTENT
이 책의 차례

화학

기출문제 정복하기

화학

2011 | 5월 14일 | 제1회 지방직 시행

1 물질이 변화하는 형태는 물리적 변화와 화학적 변화로 구분될 수 있다. 다음 중 화학적 변화로 옳지 않은 것은?

① 공기 중의 수증기가 새벽에 이슬로 응결되는 것
② 과산화수소가 머리카락을 탈색시키는 것
③ 공기 중에 노출된 철판이 녹스는 것
④ 베이킹소다와 식초를 섞을 때 거품이 생기는 것

2 파울리(Pauli)의 배타원리에 대한 설명으로 옳은 것은?

① 한 원자 내에 4가지 양자수가 모두 동일한 전자는 존재하지 않는다.
② 한 원자 내의 모든 전자들은 동일한 각운동량 양자수(l)를 가질 수 없다.
③ 한 개의 궤도함수에는 동일한 스핀의 전자가 최대 2개까지 채워질 수 있다.
④ 동일한 주양자수(n)를 갖는 전자들은 모두 다른 스핀양자수(m_s)를 가진다.

3 H_2O의 결합구조에서 O-H의 결합각이 104.5°인 이유를 설명하는데 적합한 이론은?

① 쌍극자 모멘트 이론
② 분자궤도함수 이론
③ 혼성궤도함수 이론
④ 원자가껍질 전자쌍 반발 이론

4 유기화학반응에 대한 설명으로 옳지 않은 것은?

① 축합반응은 작은 분자가 제거되어 두 분자가 연결되는 반응이다.
② 중합반응은 여러 개의 작은 분자들을 조합시켜 커다란 분자를 만드는 반응이다.
③ 첨가반응에서 탄소에 결합된 일부 원자나 원자단은 증가되고, 탄소 간 결합의 불포화 정도도 증가한다.
④ 치환반응에서 탄소에 결합된 일부 원자나 원자단은 바뀌고, 탄소 간 결합의 불포화 정도는 변하지 않는다.

5 오존층 파괴와 관련된 설명으로 옳지 않은 것은?

① 오존층 파괴는 CFC내에 존재하는 Cl에 의해 진행된다.
② 냉매와 공업용매로 많이 사용되는 CFC는 공기와 화학적인 반응성이 크다.
③ 오존층 파괴의 주된 화학물질로 알려진 CFC는 클로로플루오로카본의 약자이다.
④ 오존층에 존재하는 오존은 자외선으로부터 지구의 생명체를 보호하는 역할을 한다.

1 물리적 변화와 화학적 변화
㉠ 물리적 변화 : 물질이 화학적인 조성의 변화 없이 에너지를 얻거나 잃어 그 상태만 변화하는 현상
㉡ 화학적 변화 : 물질을 구성하는 원자들의 결합이 에너지를 받아 분해 또는 재결합하여 원래의 물질과 다른 물질을 생성하는 변화

2 파울리(Pauli)의 배타원리 … 다수의 전자를 포함하는 계에서 2개 이상의 전자가 같은 양자상태를 취하지 않는다는 법칙이다. 원자 내 전자의 상태는 보통 주양자수 · 자기양자수 · 스핀양자수에 의해 결정되는데, 배타원리에 따르면 전자는 모든 양자수가 같은 상태를 취할 수 없으므로 하나의 양자궤도에는 반대의 스핀을 갖는 2개의 전자만 들어가며, 나머지 전자에는 다른 양자궤도가 할당돼, 껍질구조를 결정하게 된다.

3 원자가껍질 전자쌍 반발 이론(VSEPR theory) … 중심원자의 배위수와 전자쌍 반발 원리를 통해 분자의 구조를 예측하여 나타내는 모형이다. 이 이론은 루이스 구조식에서 나타나는 중심원자의 각 전자쌍들은 서로 반발하므로 서로 가장 멀리 떨어진 위치에 존재하게 된다는 것을 전제로 하여 분자 구조를 나타낸다.

4 첨가반응 … 불포화 결합에 다른 분자가 결합하는 반응으로, 이중 결합이나 삼중 결합이 있는 화합물은 첨가반응을 할 수 있다. 또한 첨가 반응에 의해 고분자를 형성할 수도 있다.

5 ② CFC는 다른 화학물질과 쉽게 반응하지 않는 안정된 물질이다.

정답 및 해설 1.① 2.① 3.④ 4.③ 5.②

6 **평형상수(K)에 대한 설명으로 옳지 않은 것은?**

① K 값이 클수록 평형에 도달하는 시간이 짧아진다.

② K 값이 클수록 평형위치는 생성물 방향으로 이동한다.

③ 발열반응에서 평형상태에 열을 가해주면 K 값이 감소한다.

④ K 값의 크기는 생성물과 반응물 사이의 에너지 차이에 의해서 결정된다.

7 **다음 화합물들에 포함된 탄소 원자가 만드는 혼성 오비탈을 순서대로 바르게 나열한 것은?**

에틸렌, 메탄올, 아세틸렌, 이산화탄소

① sp, sp^3, sp^2, sp^2

② sp^2, sp^3, sp, sp

③ sp^2, sp^3, sp, sp^2

④ sp^2, sp^3, sp^2, sp

8 **84.0g의 CO 기체와 10.0g의 H_2기체를 반응시켜 액체 CH_3OH를 얻었다. 이에 대한 설명으로 옳지 않은 것은? (단, CO, H_2, CH_3OH의 분자량은 각각 28.0g, 2.0g, 32.0g이다.)**

① 한계반응물은 CO이다.

② CO와 H_2는 1 : 2의 몰비로 반응한다.

③ CH_3OH의 이론적 수득량은 80.0g이다.

④ 반응물 CO와 H_2의 몰수는 각각 3몰과 5몰이다.

9 다음 반응도표에 대한 설명으로 옳지 않은 것은?

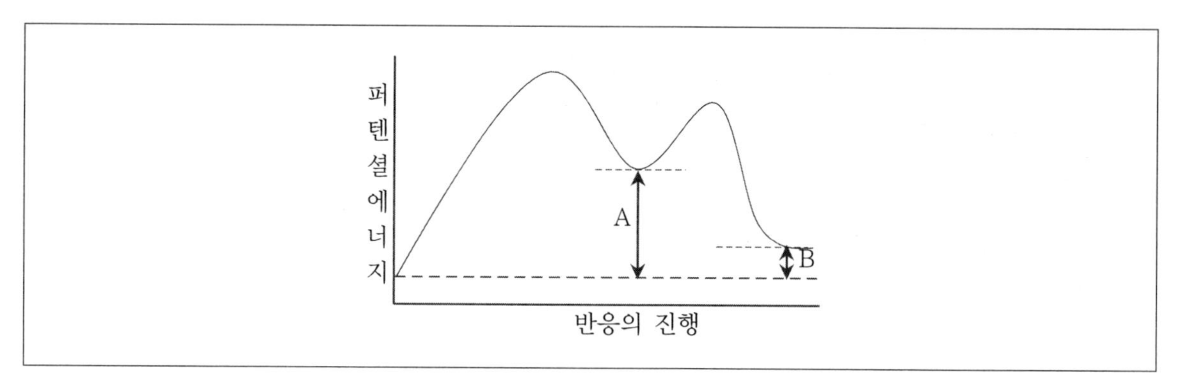

① 2단계 반응이다.

② 전체 반응은 B만큼 흡열한다.

③ 전체 반응 속도는 A에 의존한다.

④ 전체 화학 방정식에 나타나지 않는 중간체가 형성된다.

6 **평형상수** … 가역적인 화학반응이 특정온도에서 평형을 이루고 있을 때, 반응물과 생성물의 농도관계를 나타낸 상수이다. 반응물 및 생성물의 초기농도에 관계없이 항상 같은 값을 지니는 특징이 있다.
① 이 값이 크면 평형에서 생성물이 반응물보다 더 많이 존재함을 의미한다.

7 **혼성오비탈** … 한 원자의 서로 다른 원자 궤도 함수가 혼합되어 만들어진 것으로 오비탈의 모양이나 방향성이 처음의 것과 전혀 다른 새로운 오비탈이다. 이 오비탈의 개수는 처음 혼합된 원자 오비탈의 개수와 같다.
※ 결합각에 의해 109.5°는 sp^3, 120°는 sp^2, 180°는 sp로 나타낸다.
에틸렌은 120°, 에탄올은 109.5°, 아세틸렌과 이산화탄소는 180°이다.
㉠ **에틸렌** : $C_2H_4 \rightarrow sp^2$
㉡ **메탄올** : $CH_3OH \rightarrow sp$
㉢ **아세틸렌** : $C_2H_2 \rightarrow sp$
㉣ **이산화탄소** : $CO_2 \rightarrow sp$

8 **한계반응물** … 다른 반응물과 반응을 할 때 이 반응물이 모두 반응을 하게 되면 반응이 멈추게 되는 반응물
$CO + 2H_2 \rightarrow CH_3OH$
한계반응물은 H_2가 된다.

9 반응물의 에너지가 생성물의 에너지보다 낮음으로 흡열반응이다. 그래프의 안으로 들어간 부분은 반응속도가 가장 느린 부분으로 활성화물이 사라지고 반응중간체들이 나오는 부분으로 순식간에 반응이 끝나게 된다.

정답 및 해설 6.① 7.② 8.① 9.③

10 표준상태에 있는 다음 두 반쪽 반응을 기본으로 하는 볼타전지를 만들었다. 이에 대한 설명으로 옳지 않은 것은?

$Zn^{2+} + 2e^{-} \rightarrow Zn$	$E^{\circ} = -0.76$ V
$Cu^{2+} + 2e^{-} \rightarrow Cu$	$E^{\circ} = +0.34$ V

① Zn은 환원제로 작용했다.
② 전지의 Eocell는 1.10V이다.
③ Zn은 환원 전극이고 Cu는 산화 전극이다.
④ 두 금속에서 일어나는 산화-환원은 자발적이다.

11 몰(mole)에 대한 설명으로 옳지 않는 것은?

① 몰질량은 1몰의 질량이다.
② 1몰은 어떤 물질(원자, 분자, 전자 등) 6.02×10^{23}개의 양이다.
③ 몰수는 용액 1L에 용해된 용질의 양을 아보가드로 수로 나타낸 값이다.
④ 0°C, 1기압에서 기체 1몰의 부피는 기체의 종류에 관계없이 22.4L이다.

12 소금물의 총괄성에 대한 설명으로 옳은 것을 모두 고른 것은?

㉠ 소금물의 끓는점은 순수한 물의 끓는점보다 높다.
㉡ 소금물의 어는점은 순수한 물의 어는점보다 낮다.
㉢ 삼투현상에서 물은 항상 소금의 농도가 진한 쪽으로 이동한다.

① ㉠㉡
② ㉠㉢
③ ㉡㉢
④ ㉠㉡㉢

13 계의 엔트로피가 감소하는 반응을 모두 고른 것은?

> ㉠ $H_2O(l) \rightarrow H_2O(g)$
> ㉡ $2SO_2(g) + O_2(g) \rightarrow 2SO_3(g)$
> ㉢ $4Fe(s) + 3O_2(g) \rightarrow 2Fe_2O_3(s)$

① ㉠ ② ㉡
③ ㉡㉢ ④ ㉠㉡㉢

---

10 ③ Zn에서 산화 반응이, Cu에서 환원 반응이 일어난다.
※ $Zn(s) + Cu^{2+}(aq) \rightarrow Zn^{2+}(aq) + Cu(s)$
- 음극 : $Zn(s) \rightarrow Zn^{2+}(aq) + 2e^-$: 산화 전극
- 양극 : $Cu^{2+}(aq) + 2e^- \rightarrow Cu(s)$: 환원 전극

11 아보가드로 수는 고체, 액체, 기체에서 1몰에 6.02×10^{23}개 들어있는 분자나 원자수를 말한다.
$$\text{몰수} = \frac{\text{질량}}{\text{분자량}} = \frac{\text{분자 수}}{6.02 \times 10^{23}} = \frac{\text{기체의 부피}}{22.4}$$

12 총괄성 … 용질의 종류와 상관없이 용질 입자의 수에 의해서만 결정되는 성질로, 증기압력 내림, 묽은 용액의 삼투압, 끓는점 오름, 녹는점 내림 등이 대표적이다.

13 이산화황이 산소와 만나 삼산화황이 되는 것과, 철이 산소를 만나 산화철이 되는 반응은 계의 엔트로피가 감소하는 반응이라고 볼 수 있다.
㉠ 같은 물질인 경우 엔트로피의 증가는 기체 > 액체 > 고체이다. 즉, 증가하는 반응이다.
※ 25℃에서의 표준 엔트로피를 보면 $H_2O(l) = 69.9 J/K \cdot mol$이고, $H_2O(g) = 188.7 J/K \cdot mol$이다.

정답 및 해설 10.③ 11.③ 12.④ 13.③

14 화학반응에 대한 설명으로 옳은 것을 모두 고른 것은?

> ㉠ 자발반응에서 Gibbs 에너지는 감소한다.
> ㉡ 발열반응은 화학반응 시 열을 주위에 방출한다.
> ㉢ 에너지는 한 형태에서 다른 형태로 변환되지만, 창조되거나 소멸되지 않는다.

① ㉠
② ㉠㉡
③ ㉡㉢
④ ㉠㉡㉢

15 산성비에 대한 설명으로 옳지 않은 것은?

① 산성비는 대리석을 부식시킨다.
② 산성비로 인한 호수의 산성화를 막기 위하여 염화칼슘을 사용한다.
③ 질소산화물은 산성비의 원인 물질 중 하나이다.
④ 화석연료에 대한 탈황시설의 설치를 의무화하면 산성비를 줄일 수 있다.

16 〈표〉는 임의의 단일단계 반응, $A(g) \rightleftarrows 2B(g)$을 400K와 500K에서 진행시켜 구한 자료이다. 이에 대한 〈보기〉의 설명 중 옳은 것을 모두 고른 것은?

온도에 따른 정반응과 역반응 속도 상수

온도	정반응 속도상수(s^{-1})	역반응 속도상수($L \cdot mol^{-1} \cdot s^{-1}$)
400K	2×10^{-4}	4×10^{-6}
500K	4×10^{-2}	2×10^{-5}

> 〈보기〉
> ㉠ 이 반응은 자발적이다.
> ㉡ 활성화 에너지는 역반응이 정반응보다 크다.
> ㉢ 400K와 500K에서 평형상수 비는 1 : 40이다.

① ㉠
② ㉢
③ ㉡㉢
④ ㉠㉡㉢

17 물이 수소결합을 가지기 때문에 나타나는 현상으로 옳지 않은 것은?

① 얼음은 물위에 뜬다.

② 순수한 물은 전기를 통하지 않는다.

③ 물은 3.98°C에서 최대 밀도를 가진다.

④ 유사한 분자량을 가진 다른 화합물에 비해 끓는점이 높다.

---

14 ㉠ Gibbs 에너지 : 정압 자유에너지 또는 열역학 위치에너지라고도 하며 열역학적 특성함수의 하나로, $G=H-TS$(H : 엔탈피, T : 온도, S : 엔트로피)로 정의할 수 있다.

㉡ 발열반응 : 반응에 수반하여 열을 발생하는 반응

㉢ 열역학 제1법칙

15 ② 산성비로 인한 호수의 산성화를 막기 위하여 사용되는 것은 탄산칼슘이다.

16 ㉠ 정반응 속도상수가 역반응 속도상수보다 크기 때문에 정반응이 자발적이다.

㉡ 역반응의 활성화 에너지가 정반응보다 커야 반응이 일어나기 힘들어 속도상수가 작아진다.

㉢ 반응이 평형상태에 있으므로 정반응 속도와 역반응 속도가 같다.

정반응 속도상수를 s, 역반응 속도상수를 g라 놓으면 $v=s[A]=g[B]$

이를 계산하면 400K일 때 평형상수는 $\frac{2\times10^{-4}}{4\times10^{-6}}=50$

500K일 때 평형상수는 $\frac{4\times10^{-2}}{2\times10^{-5}}=2,000$

∴ 1 : 40

17 ② 순수한 물의 경우 이온 상태로 존재하는 분자가 없기 때문에 전해질의 역할을 하는 것이 없어, 전기에너지가 전달되지 못하는 것이다.

정답 및 해설 14.④ 15.② 16.④ 17.②

18 〈표〉는 0°C에서 세 종류의 이상기체에 대한 자료이다. 이에 대한 〈보기〉의 설명 중 옳은 것을 모두 고른 것은? (단, A, B, C는 임의의 원소 기호이다.)

세 종류의 이상기체에 대한 자료

	A_2	A_2B	CB_2
부피(L)	0.56	1.12	2.24
압력(atm)	4.0	2.0	0.5
질량(g)	0.2	1.8	3.2

㉠ 원자량은 B가 A의 8배이다.
㉡ A_2와 CB_2의 분자량 비는 1 : 32이다.
㉢ 1.8g의 A_2B와 3.2g의 CB_2에 들어 있는 총 원자수는 같다.

① ㉡
② ㉢
③ ㉠㉡
④ ㉠㉢

19 결합 차수를 근거로 하였을 경우 원자간 결합력이 가장 약한 화학종은?

① O_2^+
② O_2
③ O_2^-
④ O_2^{2-}

20 900°C에서 반응, $CaCO_3(s) \rightleftarrows CaO(s) + CO_2(g)$에 대한 K_p(압력으로 나타낸 평형상수) 값은 1.04이다. 이에 대한 설명으로 옳은 것을 모두 고른 것은?

㉠ 평형에서 CO_2의 압력은 1.04atm이다.
㉡ 생성되는 $CO_2(g)$를 제거하면 정반응이 우세하다.
㉢ 같은 온도에서 $CaCO_3(s)$의 양을 변화시키면 평형상수 값도 변화한다.

① ㉠
② ㉠㉡
③ ㉡㉢
④ ㉠㉡㉢

18 분자수 계산

- 0°C, 1atm에서 기체 1몰의 부피는 22.4L
  $1\times22.4=1\times RT$ (RT=22.4, T=상수)
- $A_2 \Rightarrow 4\times0.56=n\times22.4$
  $n=0.1\text{mol}$
- $A_2B \Rightarrow 2\times1.12=n\times22.4$
  $n=0.1\text{mol}$
- $CB_2 \Rightarrow 0.5\times2.24=n\times22.4$
  $n=0.05\text{mol}$

㉠ A_2 기체가 0.2g 있으므로 A_2의 분자량은 $\frac{0.2}{0.1}=2$, 원자량은 1

A_2B기체가 1.8g 있으므로 A_2B의 분자량은 $\frac{1.8}{0.1}=18$

A의 원자량이 1이므로 B의 원자량은 16이다.

㉡ $A_2=\frac{0.2}{0.1}=2$

$CB_2=\frac{3.2}{0.05}=64$

$\therefore\ 2:64=1:32$

㉢ $A_2B=0.1\text{mol}$, $CB_2=0.05\text{mol}$이므로 원자수의 비는 0.3 : 0.15

19 결합 차수 … 공유결합의 다중성을 나타내는 양이다. 원자간 전자밀도가 클수록 강한 결합강도를 나타내는 양으로서 고려된다. 그 수가 2, 4, 6개인 것을 각각 단결합, 이중결합, 삼중결합이라 한다.

① 2.5차
② 2차
③ 1.5차
④ 1차

20 ㉢ 평형상수 값은 반응물 및 생성물의 초기농도에 관계없이 항상 같은 값을 지닌다.

불균일 평형상태로 반응물과 생성물이 다른 상에 있는 반응에 적용된다.

$CaCO_3(s) \rightleftarrows CaO(s)+CO_2(g)$

$$K_c'=\frac{[CaO][CO_2]}{[CaCO_3]}$$

$$K_c=[CO_2]=K_c'\times\frac{[CaCO_3]}{[CaO]}$$

$$K_p=P_{CO_2}$$

$CaCO_3$ 또는 CaO의 양에 따라 변하지 않는다.

정답 및 해설 18.① 19.④ 20.②

2014 6월 21일 | 제1회 지방직 시행

1 약 5천 년 전 서식했던 식물의 방사성 연대 측정에 이용될 수 있는 가장 적합한 동위원소는?

① 탄소－14
② 질소－14
③ 산소－17
④ 포타슘－40

2 다음 화합물 중 물에 녹았을 때 산성 용액을 형성하는 것의 개수는?

SO_2, NH_3, BaO, $Ba(OH)_2$

① 1
② 2
③ 3
④ 4

3 산화－환원 반응이 아닌 것은?

① $N_2 + 3H_2 \rightarrow 2NH_3$
② $2H_2O_2 \rightarrow 2H_2O + O_2$
③ $HClO_4 + NH_3 \rightarrow NH_4ClO_4$
④ $2AgNO_3 + Cu \rightarrow 2Ag + Cu(NO_3)_2$

4 다음 중 결합의 극성이 가장 작은 것은?

① HF에서 F－H

② H_2O에서 O－H

③ NH_3에서 N－H

④ SiH_4에서 Si－H

---

1 **방사성 탄소 연대 측정법** … 대기 중에서 탄소 동위원소의 비율이 일정하다는 점을 이용하여 유기물이 포함된 시료의 연대를 측정하는 방법이다. 이는 살아있는 생물의 경우 식물은 광합성, 동물은 호흡을 통해 탄소 동위원소의 비율을 일정하게 유지시키지만 죽은 뒤에는 탄소의 교환이 일어나지 않아 체내 탄소－14가 붕괴되어 감소함을 이용하여 연대를 측정한다. 대략 6만 년까지의 연대를 정확하게 측정할 수 있다.

2

$SO_2 + H_2O \rightarrow H_2SO_3$ 〈강산〉

$NH_3 + H_2O \rightarrow NH_4OH$ 〈약염기〉

$BaO + H_2O \rightarrow Ba(OH)_2$ 〈염기〉

$Ba(OH)_2 + H_2O \rightarrow H_2O + Ba(OH)_2$ 〈염기〉

3 ① 산화: $H_2 \rightarrow NH_3$, 환원: $N_2 \rightarrow NH_3$

$N_2 + 3H_2 \rightarrow 2NH_3$

② 산화, 환원

$2H_2O_2 \rightarrow 2H_2O + O_2$

④ 산화: $Cu \rightarrow Cu(NO_3)_2$, 환원: $AgNO_3 \rightarrow Ag$

$2AgNO_3 + Cu \rightarrow 2Ag + Cu(NO_3)_2$

③ 산－염기의 반응이므로 산화수가 변하는 산화－환원 반응이 될 수 없다.

4 **전기음성도 값의 비교** … F(4.0) > O(3.5) > N(3.0) > Si(1.8)

㉠ **극성공유결합** : 전기음성도가 다른 두 원자 사이에 형성된 공유결합으로 공유하는 전자쌍이 전기음성도가 큰 쪽으로 쏠려 부분 전하를 나타낸다.

㉡ **전기음성도** : 공유결합을 이루고 있는 전자쌍을 끌어당기는 상대적인 인력의 세기이다. 대체로 같은 주기에서는 원자번호가 증가할수록 커지고, 같은 족에서는 원자번호가 증가할수록 작아진다.

④ CH_4, SiH_4, Br_4는 무극성 물질로 쌍극자－쌍극자 힘이 적용하지 않는다.

정답 및 해설 1.① 2.① 3.③ 4.④

5 양성자 개수가 8이고, 질량수가 17인 중성 원자에 대한 설명으로 옳은 것은?

① 중성자 개수는 8이다.
② 전자 개수는 9이다
③ 주기율표 2주기의 원소이다.
④ 주기율표 8족의 원소이다.

6 다음 중 끓는점의 비교가 옳은 것만을 모두 고른 것은?

> ㉠ HBr < HI
> ㉡ O_2 < NO
> ㉢ HCOOH < CH_3CHO

① ㉠ ② ㉢
③ ㉠㉡ ④ ㉡㉢

7 다음 반응의 평형 위치를 역반응 방향으로 이동시키는 인자는?

$$UO_2(s) + 4HF(g) \rightleftarrows UF_4(g) + 2H_2O(g) + 150\text{kJ}$$

① 반응계에 $UO_2(s)$를 첨가하였다.
② $HF(g)$가 반응 용기와 반응하여 소모되었다.
③ 반응계에 $Ar(g)$을 첨가하였다.
④ 반응계의 온도를 낮추었다.

8 $\boxed{a}$ C_4H_{10} + $\boxed{b}$ O_2 → $\boxed{c}$ CO_2 + $\boxed{d}$ H_2O 반응에 대한 균형 반응식에서 계수 a~d의 값으로 옳게 짝지어 진 것은?

	a	b	c	d
①	1	5	4	10
②	2	10	8	10
③	2	13	8	5
④	2	13	8	10

5 ① 질량수는 양성자 개수와 중성자 개수의 합이므로 중성자 개수는 9이다.
② 중성 원자의 전자 개수는 양성자 개수와 같으므로 전자 개수는 8이다.
③④ 중성원자의 전자 개수가 8개인 2주기, 16족의 원소이다.

6 ㉠ 비금속간 비공유결합으로 형성된 분자로 H^+와 Br^- 이온이 해리되지 않는다. 그러므로 분자와 분자 사이의 분자간 상호작용을 끊는데 필요한 에너지에 의해 끓는점이 결정된다. I의 분자량이 크고 편극성이 커 반데르발스 힘도 훨씬 크기에 HI의 끓는점이 더 높다.
㉡ NO는 극성이 O_2에 비해 커 분자간 인력이 크기 때문에 비극성인 O_2보다 끓는점이 높다.
㉢ HCOOH의 분자량은 46, CH_3CHO의 분자량은 44이다. 분자량은 비슷하나 HCOOH는 분자간 수소결합을 형성할 수 있으므로 끓는점이 더 높다.

7 ② 평형 상태에 있는 한 물질의 농도를 작게 하면 반응은 그 농도가 증가하려는 방향으로 진행된다. 따라서 HF(g)가 소모되면 HF(g)의 농도가 증가하려는 방향, 즉 역반응 방향으로 이동된다.

8 • 먼저 탄소와 수소의 개수를 일치시킨다.
$C_4H_{10} + O_2 \rightarrow 4CO_2 + 5H_2O$
• 산소개수를 일치시킨다.
$C_4H_{10} + \frac{13}{2}O_2 \rightarrow 4CO_2 + 5H_2O$
• 분수를 정수로 바꾼다.
$2C_4H_{10} + 13O_2 \rightarrow 8CO_2 + 10H_2O$

정답 및 해설 5.③ 6.③ 7.② 8.④

9 **볼타(Volta) 전지에 대한 설명으로 옳지 않은 것은?**

① 자발적 산화－환원 반응에 의해 화학 에너지를 전기 에너지로 변환시킨다.

② 전기도금을 할 때 볼타 전지가 이용된다.

③ 다니엘(Daniell) 전지는 볼타 전지의 한 예이다.

④ $Zn(s)|Zn^{2+}(aq)\|Cu^{2+}(aq)|Cu(s)$로 표기되는 전지가 작동할 때 산화전극의 질량이 감소한다.

10 **다음 중 화학적 변화는?**

① 설탕이 물에 녹았다.

② 물이 끓어 수증기가 되었다.

③ 옷장에서 나프탈렌이 승화하였다.

④ 상온에 방치된 우유가 부패하였다.

11 **다음의 반응 메커니즘과 부합되는 전체 반응식과 속도 법칙으로 옳은 것은?**

$NO + Cl_2 \rightleftarrows NOCl_2$ (빠름, 평형)

$NOCl_2 + NO \rightarrow 2NOCl$ (느림)

① $2NO + Cl_2 \rightarrow 2NOCl$, 속도 $= k[NO][Cl_2]$

② $2NO + Cl_2 \rightarrow 2NOCl$, 속도 $= k[NO]^2[Cl_2]$

③ $NOCl_2 + NO \rightarrow 2NOCl$, 속도 $= k[NO][Cl_2]$

④ $NOCl_2 + NO \rightarrow 2NOCl$, 속도 $= k[NO][Cl_2]^2$

12 그림 ㈎, ㈏의 루이스 전자점 구조를 갖는 분자 XY_2, ZY_3에 대해 설명한 것으로 옳은 것은? (단, X, Y, Z는 임의의 2주기 원소이다)

① ㈎는 극성 공유결합을 갖는다.

② ㈏의 분자 기하는 정사면체형이다.

③ ㈏의 중심 원자는 옥텟 규칙을 만족한다.

④ 중심 원자의 결합각은 ㈎가 ㈏보다 크다.

---

9 ② 전기도금이란 전기분해의 원리를 이용하여 금속의 표면에 다른 금속을 얇게 입히는 것으로 볼타전지와는 무관하다.
④ (−)극인 아연판에서의 반응은 $Zn \rightarrow Zn^{2+} + 2e^-$으로 질량이 감소하는 산화반응이다.

10 ①②③ 물리적 변화 ④ 화학적 변화

11 반응의 속도 $v = k_2[NOCl_2][NO]$
첫 번째 식은 평형이므로 $k_1[NO][Cl_2] = k_1'[NOCl_2]$

$$[NOCl_2] = \frac{k_1}{k_1'}[NO][Cl_2]$$

속도 식에 대입하면

$$v = k_2[NOCl_2][NO] = \frac{k_2 \times k_1}{k_1'}[NO][Cl_2][NO]$$

$$= k[NO]^2[Cl_2]$$

12 ② ㈎는 비공유전자쌍 2개를 가지고 있어 굽은 형이고, ㈏는 평면 삼각형이다.
③ ㈏의 중심원자의 공유원자는 3이고 비공유전자쌍이 없어 옥텟 규칙을 만족하지 않는다.
④ 중심원자의 결합각은 ㈎는 104.5°, ㈏는 120°로 ㈏가 더 크다.

정답 및 해설 9.② 10.④ 11.② 12.①

13 다음 중 분자의 몰(mol) 수가 가장 적은 것은? (단, N, O, F의 원자량은 각각 14, 16, 19이다)

① 14g의 N_2

② 23g의 NO_2

③ 54g의 OF_2

④ 2.0×10^{23}개의 NO

14 다음 중 엔트로피가 증가하는 과정만을 모두 고른 것은?

> ㉠ 소금이 물에 용해된다.
> ㉡ 공기로부터 질소(N_2)가 분리된다.
> ㉢ 기체의 온도가 낮아져 부피가 감소한다.
> ㉣ 상온에서 얼음이 녹아 물이 된다.

① ㉠㉡ ② ㉠㉣

③ ㉡㉢ ④ ㉢㉣

15 다음 반응에서 구경꾼 이온만을 모두 고른 것은?

$$Pb(NO_3)_2(aq) + 2NaCl(aq) \rightarrow PbCl_2(s) + 2NaNO_3(aq)$$

① $Pb^{2+}(aq)$, $Cl^-(aq)$

② $Pb^{2+}(aq)$, $NO_3^-(aq)$

③ $Na^+(aq)$, $Cl^-(aq)$

④ $Na^+(aq)$, $NO_3^-(aq)$

16 다음 설명 중 옳지 않은 것은?

① 용액(solution)은 균일한 혼합물이다.
② 분자 형태로 존재하는 원소가 있다.
③ 원자 형태로 존재하는 화합물이 있다.
④ 수소(^1H)와 중수소(^2H)는 서로 다른 원자이다.

---

13 $몰수 = \frac{총\ 질량}{1몰의\ 질량}$

※ 1몰의 질량은 원자량, 분자량, 이온식량 등에 g을 붙인 값으로 아보가드로수(6.02×10^{23}개)만큼의 질량이 된다.

① $\frac{14g}{28g/mol} = \frac{1}{2}mol$

② $\frac{23g}{(14+32)g/mol} = \frac{1}{2}mol$

③ $\frac{54g}{(16+38)g/mol} = 1mol$

④ $1mol \fallingdotseq 6.0 \times 10^{23}$개이므로 2.0×10^{23}개의 몰수는 약 $\frac{1}{3}mol$

14 ㉠㉣ 물질이 고체→액체→기체로 갈수록 엔트로피가 증가한다.
㉡ 엔트로피의 변화가 없다.
㉢ 엔트로피가 감소하는 과정이다. 온도가 높아지면 분자 운동이 활발해져 엔트로피가 증가한다.

15 주어진 반응식의 알짜이온반응식은 $Pb^{2+}(aq) + 2Cl^-(aq) \rightarrow PbCl_2(s)$이고, 구경꾼 이온은 $Na^+(aq)$, $NO_3^-(aq)$이다.
※ **구경꾼 이온** … 실제로 반응에 참여하지 않고 반응 전후에 처음 이온상태 그대로 존재하는 이온

16 ① 혼합물은 2가지 이상의 순물질이 혼합된 물질로 균일혼합물(설탕물, 염기용액 등)과 불균일혼합물(우유, 흙탕물 등)로 구분한다.
② 원소는 물질을 이루는 성분의 종류로 여러 원자의 화학적 결합으로 이루어진 분자는 물질의 성질을 가지는 가장 작은 입자이다.
④ 중수소는 수소의 동위원소 중 하나로 양성자 1개와 중성자 1개로 이루어진 중양성자를 원자핵으로 가지는 원소로 수소-2라고도 하며, D 또는 ^2H로 표기한다.

정답 및 해설 13.④ 14.② 15.④ 16.③

17 이상기체로 거동하는 1몰(mol)의 헬륨(He)이 다음 (가)~(다) 상태로 존재할 때, 옳게 설명한 것만을 〈보기〉에서 모두 고른 것은?

	(가)	(나)	(다)
압력(기압)	1	2	2
온도(K)	100	200	400

〈보기〉

㉠ 부피는 (가)와 (나)가 서로 같다.
㉡ 단위 부피당 입자 개수는 (가)와 (다)가 서로 같다.
㉢ 원자의 평균 운동 속력은 (다)가 (나)의 2배이다.

① ㉠
② ㉡
③ ㉠㉢
④ ㉡㉢

18 어떤 용액이 라울(Raoult)의 법칙으로부터 음의 편차를 보일 때, 이 용액에 대한 설명으로 옳은 것만을 모두 고른 것은?

㉠ 용액의 증기압이 라울의 법칙에서 예측한 값보다 작다.
㉡ 용액의 증기압은 용액 내의 용질 입자 개수와 무관하다.
㉢ 용질—용매 분자 간 인력이 용매—용매 분자 간 인력보다 강하다.

① ㉠
② ㉡
③ ㉠㉢
④ ㉡㉢

17 ㉠ ㈏는 ㈎에 비해 압력이 2배, 절대온도가 2배이다. 기체의 부피는 압력에 반비례하고, 절대온도에 비례하므로$\left(V=\dfrac{nRT}{P}\right)$ ㈎와 ㈏의 부피는 서로 같다.

㉡ ㈐는 ㈎에 비해 압력이 2배, 절대온도가 4배이므로 ㈐의 부피는 ㈎의 2배가 된다. 따라서 단위 부피당 입자 개수는 ㈎가 ㈐보다 많다.

㉢ 기체의 속력의 제곱은 절대온도에 비례하므로 원자의 평균 운동 속력은 ㈐가 ㈏의 $\sqrt{2}$ 배이다.

18 ㉠㉢ 음의 편차란 용질-용매 분자 간의 인력이 강해서 증기압이 작아진다(증발이 덜 일어난다)는 의미이다. 라울의 법칙을 통해 예측한 값보다 증기압이 큰 경우 양의 편차를 보이다고 표현한다.

㉡ 용액의 증기압은 용액 내의 용질 입자 개수에 비례한다.

정답 및 해설 17.① 18.③

19 물질 X의 상 그림이 다음과 같을 때, 주어진 온도와 압력 범위에서 X에 대해 설명한 것으로 옳은 것은?

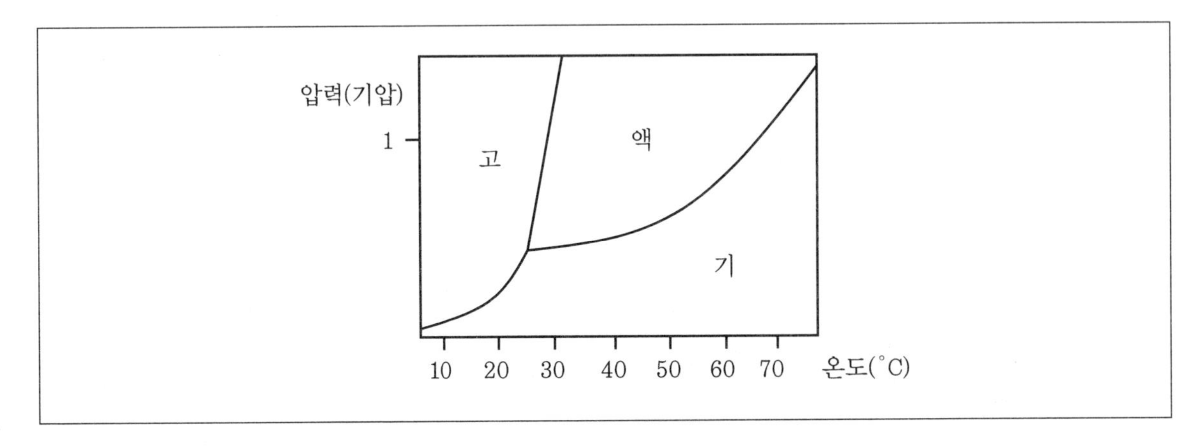

① 정상 끓는점은 60 ℃보다 높다.

② 정상 녹는점에서 고체의 밀도가 액체의 밀도보다 낮다.

③ 고체, 액체, 기체가 모두 공존하는 온도는 30℃보다 높다.

④ 20℃의 기체에 온도 변화 없이 압력을 가하면 기체가 액체로 응축될 수 있다.

20 다음의 3가지 화학종이 섞여 있을 때, 염기의 세기 순서대로 바르게 나열한 것은?

$H_2O(l)$, $F^-(aq)$, $Cl^-(aq)$

① $Cl^-(aq) < H_2O(l) < F^-(aq)$

② $F^-(aq) < H_2O(l) < Cl^-(aq)$

③ $H_2O(l) < Cl^-(aq) < F^-(aq)$

④ $H_2O(l) < F^-(aq) < Cl^-(aq)$

19 ② 고체와 액체의 경계선의 기울기가 (+)이면 고체보다 액체의 밀도가 작고 기울기가 (-)이면 액체보다 고체의 밀도가 작다. 따라서 물질 X의 정상녹는점에서 고체의 밀도는 액체의 밀도보다 크다.

③ 고체, 액체, 기체가 모두 공존하는 온도는 약 25℃이다.

④ 20℃의 기체에 온도 변화 없이 압력을 가하면 고체로 승화된다.

20 강한 산의 짝염기는 약한 염기가 되고, 약한 산의 짝염기는 강한 염기가 된다. HCl은 물에서 100% 이온화되는 강산으로 짝염기인 Cl^-는 염기의 세기가 거의 무시된다.

정답 및 해설 19.① 20.①

2014 6월 28일 | 서울특별시 시행

1 산소 분자(O_2), 물(H_2O), 소금물에 대한 설명으로 옳은 것을 아래에서 모두 고른 것은?

> ㉠ 산소 분자는 원소이다.
> ㉡ 물은 순물질이다.
> ㉢ 소금물은 불균일 혼합물이다.

① ㉠
② ㉠㉡
③ ㉠㉢
④ ㉡㉢
⑤ ㉠㉡㉢

2 다음 작용기에 대한 설명 중 옳지 않은 것은?

① 에스터(RCOOR′)는 향료 제조에 이용되며 제과와 청량음료 산업에서 풍미제로 사용된다.
② 포도주의 효소에 의해 아세트산(CH_3COOH)이 에탄올(CH_3CH_2OH)로 산화되는 반응이 일어난다.
③ 알코올(ROH)의 한 종류인 에탄올은 생물학적으로 설탕이나 전분을 발효해서 얻는다.
④ 케톤의 한 종류인 아세톤은 손톱 메니큐어 제거제로 이용한다.
⑤ 단백질 분자를 구성하는 아미노산은 아미노기와 카복실기를 가지고 있다.

3 다이아몬드와 흑연을 연소시키는 반응과 그 반응 엔탈피는 각각 다음과 같다. 흑연으로부터 다이아몬드를 얻는 반응에 대해 올바르게 설명한 것은?

㉠ C(다이아몬드) + $O_2(g)$ → $CO_2(g)$	$\triangle H°_{반응}$=−94.50kcal
㉡ C(흑연) + $O_2(g)$ → $CO_2(g)$	$\triangle H°_{반응}$=−94.05kcal

① 흡열반응, $\triangle H°_{반응}$ = 188.55kcal
② 발열반응, $\triangle H°_{반응}$ = −0.45kcal
③ 흡열반응, $\triangle H°_{반응}$ = 0.45kcal
④ 발열반응, $\triangle H°_{반응}$ = 0.45kcal
⑤ 흡열반응, $\triangle H°_{반응}$ = −188.55kcal

1 ㉠ 원소란 원자번호에 의해서 구별되는 한 종류만의 원자로 만들어진 물질 및 그 홑원소물질의 구성요소이다. 따라서 산소 원자로만 이루어진 산소 분자는 원소이다.
㉡ 순물질이란 한 종류의 물질로 이루어져 고유한 성질을 지닌 물질이며, 물, 에탄올, 소금, 구리, 산소 등이 있다.
㉢ 소금물은 균일 혼합물이다.

2 ② 포도주의 효소에 의해 에탄올(CH_3CH_2OH)이 아세트산(CH_3COOH)으로 산화되는 반응이 일어난다.
(반응식 : $CH_3CH_2OH + O_2 \rightarrow CH_3COOH + H_2O$)

3 주어진 식을 ㉡−㉠하면 C(흑연) + $O_2(g)$ → C(다이아몬드) + $O_2(g)$의 반응식이 나오고
$\triangle H°$반응=$\triangle H°$㉡반응−$\triangle H°$㉠반응이므로 $\triangle H°$반응=−94.05+94.5=0.45kcal이며, 생성물질의 에너지보다 반응물질의 에너지가 낮은 흡열반응이다.

정답 및 해설 1.② 2.② 3.③

4 아래의 두 가지 반응의 평형상수를 K_1, K_2로 표시할 때, 이들 평형상수 간의 관계가 맞는 것은?

$SO_2(g) + 1/2O_2(g) \rightleftarrows SO_3(g)$	K_1
$2SO_3(g) \rightleftarrows 2SO_2(g) + O_2(g)$	K_2

① $K_2 = K_1$

② $K_2 = 1/K_1$

③ $K_2^2 = K_1$

④ $K_2 = 1/K_1^2$

⑤ $K_2 = 2/K_1$

5 여러 가지 염이 물에 용해될 때 일어나는 용액의 pH 변화에 대한 설명 중 옳은 것은?

① NaCl을 물에 녹이면 용액의 pH는 7보다 높아진다.

② NH_4Cl을 물에 녹이면 용액의 pH는 7보다 낮아진다.

③ CH_3COONa를 물에 녹이면 용액의 pH는 7보다 낮아진다.

④ $NaNO_3$를 물에 녹이면 용액의 pH는 7보다 높아진다.

⑤ KI를 물에 녹이면 용액의 pH는 7보다 높아진다.

6 다음 각 반응 중 계의 예상되는 엔트로피 변화가 $\Delta S^\circ > 0$인 것은?

① $2H_2(g)+O_2(g) \rightarrow 2H_2O(l)$

② $H_2O(g) \rightarrow H2O(l)$

③ $N_2(g)+3H_2(g) \rightarrow 2NH_3(g)$

④ $I_2(s) \rightarrow 2I(g)$

⑤ $U(g)+3F_2(g) \rightarrow UF_6(s)$

4 역반응의 평형상수는 정반응의 평형상수의 역과 같다.

$A+B \rightleftarrows C+D \quad K_1$

$C+D \rightleftarrows A+B \quad K_2=\frac{1}{K_1}$

반응식에 어떤 수를 곱하면, 평형상수는 그 수만큼 거듭제곱한다.

$A+B \rightleftarrows C+D \quad K_1$

$nA+nB \rightleftarrows nC+nD \quad K_2=(K_1)^n$

$aA+bB \rightleftarrows cC+dD$의 평형상수는 $K=\frac{[A]^a[B]^b}{[C]^c[D]^d}$이다.

$K_1=\frac{[SO_3]}{[SO_2][O_2]^{\frac{1}{2}}}$, $K_2=\frac{[SO_2]^2[O_2]}{[SO_3]^2}$이므로 이들 간의 관계는 $K_2=\frac{1}{K_1^2}$이다.

5 pH … 용액의 산성이나 염기성의 정도를 나타내는 수치이며, 중성용액의 pH는 7이고 7보다 높으면 염기성, 7보다 낮으면 산성이다.

① Cl^-는 매우 강한 산인 HCl의 짝염기로 염기의 세기가 거의 무시된다.

② $NH_4^+ + H_2O \rightarrow NH_4OH^- + H^+$로 산성 수용액이 된다.

③ CH_3COO^-는 약산 CH_3COOH의 짝염기로 강한 염기성이고, pH는 7보다 높아진다.

④ NO_3^-는 매우 강한 산인 HNO_3의 짝염기로 염기의 세기가 거의 무시된다.

⑤ 중성 수용액이다.

6 ①② 기체가 액체가 되는 반응으로 엔트로피가 감소한다.

③ 단위면적당 분자수가 감소하여 엔트로피가 감소한다.

④ 고체가 기체가 되는 반응으로 엔트로피가 증가한다.

⑤ 기체가 고체가 되는 반응으로 엔트로피가 감소한다.

정답 및 해설 4.④ 5.② 6.④

7 다음 4가지 종류의 수용액을 제조하여 어는점을 측정하였다. 이 때 어는점 내림이 가장 큰 순서대로 바르게 표시한 것은? (단, 염은 완전히 해리되었다)

> ㉠ 0.1m NaCl수용액
> ㉡ 18g $C_6H_{12}O_6$을 물 1,000g에 용해한 수용액 (단, $C_6H_{12}O_6$의 분자량 180)
> ㉢ 0.15m K_2SO_4수용액
> ㉣ 6.5g $CaCl_2$를 물 500g에 용해한 수용액(단, $CaCl_2$의 분자량 130)

① ㉡ > ㉢ > ㉠ > ㉣
② ㉡ > ㉣ > ㉢ > ㉠
③ ㉢ > ㉣ > ㉠ > ㉡
④ ㉣ > ㉢ > ㉡ > ㉠
⑤ ㉣ > ㉠ > ㉢ > ㉡

8 다음은 Bohr의 에너지준위에 따른 수소원자의 방출스펙트럼을 나타낸 것이다. 이에 대한 설명으로 옳은 것은?

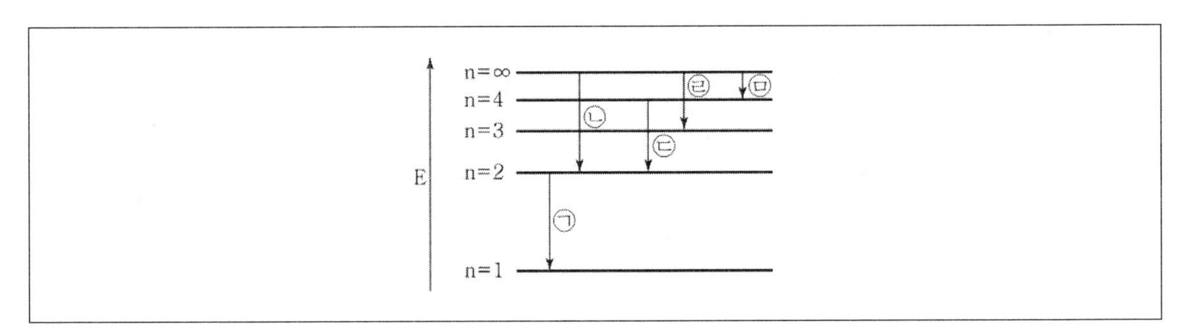

① 방출파장이 가장 짧은 것은 ㉡이다.
② 가시광선을 방출하는 스펙트럼은 3개이다.
③ 적외선을 방출하는 스펙트럼은 2개이다.
④ 방출에너지가 가장 큰 것은 ㉤이다.
⑤ 진동수가 가장 작은 것은 ㉠이다.

9 수소 기체와 산소 기체는 다음과 같이 반응하여 물을 생성한다. 10g의 수소 기체가 산소와 완전히 반응하는데 필요한 산소의 양은 얼마인가?

$$2H_2(g) + O_2(g) \rightarrow 2H_2O(g)$$

① 10g
② 20g
③ 40g
④ 60g
⑤ 80g

---

7 어는점 내림 … 용액의 증기압이 순수한 용매보다 낮아져서 어는점이 낮아지는 현상으로 계산식은 $\Delta T_f = K_f \times m$ (K_f : 몰랄내림상수, m : 몰랄농도)이다. 몰랄내림상수는 용질의 종류와 관계없는 용매의 고유값이다.
수용액의 몰랄농도(용매 1kg에 녹아있는 용질의 몰수)와 용액 중의 이온수와 이온화되지 못한 입자의 총수에 비례한다.
㉠ $m = 0.1$mol/kg이고, Na^+와 Cl^- 2개의 이온으로 해리된다. → $0.1 \times 2 = 0.2$ (반트호프 인자= 2)
㉡ $m = \dfrac{\frac{18g}{180g/mol}}{1kg} = 0.1$mol/kg → $0.1 \times 1 = 0.1$ (반트호프 인자= 1)
㉢ $m = 0.15$mol/kg이고, $2Ka^+$와 SO_4^{2-} 3개의 이온으로 해리된다. → $0.15 \times 3 = 0.45$(반트호프인자= 3)
㉣ $m = \dfrac{\frac{6.5g}{130g/mol}}{0.5kg} = 0.1$mol/kg이고, Ca^{2+}과 $2Cl^-$ 3개의 이온으로 해리된다. → $0.1 \times 3 = 0.3$(반트호프인자= 3)
∴ 어는점 내림의 순서는 ㉢ > ㉣ > ㉠ > ㉡이다.

8 방출되는 빛 에너지$= h\nu = \dfrac{hc}{\lambda}$ (h : 플라크 상수, ν : 진동수, λ : 파장, c : 빛의 속도)
① 파장이 짧다는 것은 에너지가 높다는 의미하므로 방출파장이 가장 짧은 것은 ㉠이다.
② 가시광선을 방출하는 스펙트럼은 ㉢ 1개이다.
③ 가시광선보다 파장이 길면 적외선이므로 ㉣, ㉤이 적외선을 방출한다.
④ 방출에너지가 가장 큰 것은 ㉠이다.
⑤ 파장이 짧다는 것은 진동수가 크다는 것을 의미하므로 진동수가 가장 작은 것은 ㉤이다.
※ 수소 스펙트럼에서 가시광선 영역은 4개 밖에 없으며 $n=3 \sim 6 \rightarrow n=2$인 경우이다. 이보다 에너지가 크면 자외선, 작으면 적외선이다.

9 모든 기체분자는 동일한 부피 안에 동일한 개수가 들어있다.
$2H_2 + O_2 \rightarrow 2H_2O$
수소와 산소가 2 : 1의 비로 반응하므로 수소 10g은 산소 5g이 된다. 산소의 분자량은 16이므로 $16 \times 5 = 80$g

정답 및 해설 7.③ 8.③ 9.⑤

10 일정 온도에서 2기압의 산소기체가 들어있는 부피 2리터 용기와 4기압의 질소기체가 들어있는 부피 4리터 용기를 연결하였다. 용기 연결 후 전체 압력은 얼마인가?

① 2.4기압
② 2.7기압
③ 3.0기압
④ 3.3기압
⑤ 3.7기압

11 납축전지는 Pb(s) 전극과 PbO_2(s) 전극으로 구성되어 있으며 전해질은 H_2SO_4 수용액이다. 납축전지의 방전과정에서 일어나는 반응은 다음과 같다. 이에 관한 다음 서술 중 옳은 것을 모두 고르시오.

$$Pb(s) + PbO_2(s) + 2H_2SO_4(aq) \rightarrow 2PbSO_4(s) + 2H_2O(l)$$

㉠ 자동차의 배터리에 이용된다.
㉡ 1차 전지에 속하며 충전할 수 없다.
㉢ 방전될수록 두 전극의 질량은 증가한다.
㉣ 방전될수록 전해질의 황산농도가 증가한다.

① ㉠㉢
② ㉡㉣
③ ㉠㉡
④ ㉠㉣
⑤ ㉡㉢

12 어떤 반응기에서 다음 반응이 평형을 이루고 있다. 여기서 $\triangle H°_{반응}$는 반응엔탈피를 의미한다. 아래 조작 중 역반응 쪽으로 평형의 이동이 예상되는 경우는?

$2NOBr(g) \rightleftarrows 2NO(g) + Br_2(g)$	$\triangle H°_{반응} = 30kJ/mol$

① Br_2 기체의 제거
② 온도의 증가
③ NOBr 기체의 첨가
④ NO 기체의 제거
⑤ 반응기 부피를 감소

10 $P_1V_1 + P_2V_2 = PV$
$(2\times2)+(4\times4)=P(2+4)$
$\therefore P \fallingdotseq 3.3$기압

11 납축전지는 방전시 음극의 Pb와 양극의 PbO_2는 $PbSO_4$로 바뀌고 전해액(H_2SO_4)은 음극에서 양극판으로 운반되는 수소이온에 의해 이동하며, 수소와 산소가 반응하여 물로 바뀌고 이로 인해 전해질이 묽어지며 방전이 계속되면 극판이 $PbSO_4$로 바뀌어 완전방전 상태가 된다.
㉡ 납축전지는 충전이 가능한 2차 전지이다.
㉣ 방전될수록 두 전극이 모두 황산납이 되어 두 극 모두 질량이 증가하며, 전해질인 황산의 농도는 묽어진다.

12 ①③④ 평형상태에서 어떠한 물질의 농도를 크게 하면 반응은 그 물질의 농도를 감소시키는 방향으로 이동하며, 농도를 작게 하면 그 물질의 농도를 증가시키는 방향으로 이동하므로 Br2 또는 NO 기체를 제거하거나, NOBr 기체를 첨가하게 되면 정반응 쪽으로 평형이 이동된다.
② $\triangle H°$반응 >0이므로 주어진 반응은 흡열반응이며, 반응계의 온도를 높이면 반응이 온도를 낮추는 쪽, 즉 흡열반응 쪽으로 진행되므로 정반응 쪽으로 평형이 이동된다.

정답 및 해설 10.④ 11.① 12.⑤

13 아래 그림은 생명체에 존재하는 분자 중 세 가지를 그려 놓은 것이다. 이에 대한 설명 중 옳지 않은 것은?

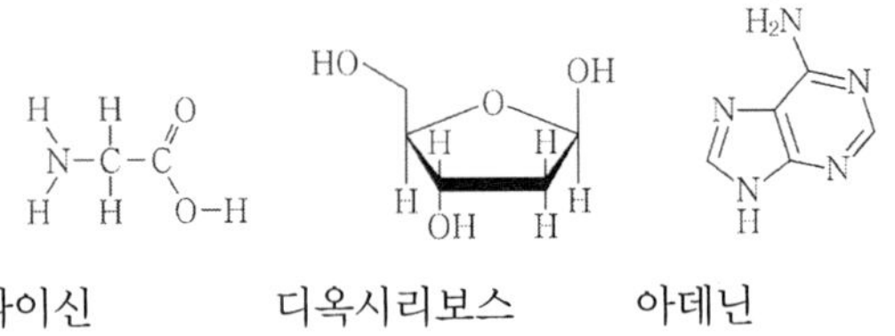

글라이신　　디옥시리보스　　아데닌

① 글라이신은 단백질의 구성 성분인 아미노산의 일종이다.
② 아데닌은 DNA를 구성하는 주요 성분 중의 하나이다.
③ 아데닌은 RNA를 구성하는 주요 성분 중의 하나이다.
④ 디옥시리보스는 DNA를 구성하는 주요 성분 중의 하나이다.
⑤ 디옥시리보스는 RNA를 구성하는 주요 성분 중의 하나이다.

14 아래는 NH_3에 대한 설명이다. 맞는 것을 모두 고른 것은?

㉠ 고립전자쌍을 가지고 있다.
㉡ ∠HNH 결합각은 109.5°이다.
㉢ 비극성 분자이다.

① ㉠　　② ㉡
③ ㉠㉡　　④ ㉡㉢
⑤ ㉠㉡㉢

15 원자가 껍질 전자쌍 반발(VSEPR)이론을 이용하여 다음 화합물의 결합각의 크기를 예측했을 때 바르게 나타낸 것은?

CH_4 NH_3 H_2O CO_2 HCHO

① CH_4 > NH_3 > H_2O > CO_2 > HCHO

② HCHO > CO_2 > CH_4 > NH_3 > H_2O

③ CO_2 > HCHO > CH_4 > NH_3 > H_2O

④ CO_2 > CH_4 > NH_3 > H_2O > HCHO

⑤ HCHO > CO_2 > H_2O > NH_3 > CH_4

---

13 ⑤ DNA의 5탄당은 디옥시리보스, RNA의 5탄당은 리보스이다.

14 ㉡ 고립전자쌍은 공유전자쌍보다 강한 힘을 가져 공유전자쌍을 밀어낸다. 따라서 고립전자쌍을 1개 가진 NH_3의 결합각은 정사면체형 분자의 결합각인 109.5°보다 작은 107°이다.

㉢ 고립전자쌍으로 인해 분자구조가 대칭을 이루지 못해 쌍극자모멘트 값이 0이 아니게 되므로 극성 분자이다.

15
- CO_2 : 중심원자 C에 O가 2개 결합되어 결합수가 2이고 비공유 전자쌍은 없다. 선형 분자이므로 결합각은 180°이다.
- CH_4 : 4개의 C-H가 서로 가장 멀리 떨어질 수 있는 각도는 109.5°이므로 정사면체 구조를 가지며 결합각 (∠HCH)은 109.5°이다.
- NH_3 : 3개의 N-H를 가지며, 비공유 전자쌍의 반발력이 결합전자쌍보다 약간 크므로 결합각(∠HNH)은 107.3°이고 피라미드 형태의 구조를 가진다.
- H_2O : 2개의 O-H를 가지며 두 쌍의 비공유 전자쌍의 반발력으로 인해 결합각(∠HOH)은 104.5°이고 굽은 V자 형태의 구조를 가진다.
- HCHO : C=O의 이중결합을 가지며 탄소를 중심으로 하는 평면 삼각형이다. 이중결합을 구성하는 4개의 전자들은 단일 결합을 구성하는 2개의 전자보다 반발력이 더 크므로 결합각 ∠HCO는 120°보다 약간 커지고 ∠HCH는 120°보다 약간 작아진다.

정답 및 해설 13.⑤ 14.① 15.③

16 알켄(alkene)에 대한 다음 설명 중에서 올바른 것은?

① 삼중 결합을 적어도 한 개 이상 가지고 있으며 일반식은 C_nH_{2n-2}이다.
② 상온에서 탄소-탄소 이중결합의 회전은 쉽게 일어난다.
③ 알켄 분자들은 서로 강한 수소결합을 한다.
④ 알켄은 불포화 탄화수소로 첨가 반응을 잘한다.
⑤ 알켄의 시스 이성질체는 두 개의 기가 서로 반대 쪽에 있고, 트랜스는 두 개의 기가 서로 같은 쪽에 있다.

17 다음 중 불가능한 양자수 {n(주양자수), l(각운동량양자수), m_l(자기양자수), m_s(스핀양자수)}의 조합은?

① n=5, l=3, m_l=−1, m_s=−1/2
② n=3, l=1, m_l=−1, m_s=+1/2
③ n=2, l=0, m_l=0, m_s=+1/2
④ n=1, l=0, m_l=−1, m_s=−1/2
⑤ n=4, l=2, m_l=0, m_s=−1/2

18 다음 분자를 루이스 전자점식으로 그렸을 때, 옥텟 규칙을 만족시키지 않는 것은?

① H_2O
② NO_2
③ CH_4
④ HCl
⑤ NH_3

16 ① 이중결합을 1개 가지고 있으며, 일반식은 C_nH_{2n}이다.

② 탄소-탄소 이중결합 구조에서는 회전이 불가능하다.

③ 수소결합은 O, N, F 같은 전기음성도가 강한 원자 사이에 수소가 들어감으로써 생기는 결합으로 알켄과는 무관하다.

④ 알켄은 불포화 탄화수소로 첨가 반응을 잘한다. 대표적으로 브롬을 반응시키면 브롬의 적갈색이 사라지게 된다.

⑤ 알켄의 시스 이성질체는 두 개의 기가 서로 같은 쪽에 있고, 트랜스는 두 개의 기가 서로 반대쪽에 있다.

17 ④ $m_l=-l, -l+1, \cdots, 0, \cdots, l-1, l$ 값을 가지므로 $l=0$일 때, $m_l=-1$은 불가능하다.

※ 양자수

㉠ **주양자수(n)** : 전자의 에너지준위를 나타낸 것이다. $n=1, 2, 3, \cdots, \infty$이고, 전자껍질을 나타낸다.

㉡ **각운동량양자수(l)** : 전자의 각 운동량을 결정하는 것으로 부양자수 또는 방위양자수라고도 하며, 오비탈의 모양을 결정한다. $l=0, 1, 2, \cdots, (n-1)$의 값을 갖는다.

㉢ **자기양자수(m_l)** : 전자구름의 방향과 궤도면의 위치를 결정하는 것으로
$m_l=-l,\ -l+1,\ \cdots,\ 0,\ \cdots,\ l-1,\ l$의 값을 갖는다.

㉣ **스핀양자수(m_s)** : 자전하고 있는 전자의 자전에너지를 결정하는 것으로 $m_s=\pm\frac{1}{2}$의 값을 갖는다.

18 ① H : Ö : H (O 위아래 비공유전자쌍)

② :Ö::N::Ö: (N 위 홀전자 1개)

- 산소의 원자가전자 6개, 주위전자 8개, 옥텟 규칙 만족
- 질소의 원자가전자 5개, 주위전자 9개, 옥텟 규칙 불만족

③
```
   H
   ..
H : C : H
   ..
   H
```

④
```
   ..
H : Cl :
   ..
```

⑤
```
   ..
H : N : H
   ..
   H
```

정답 및 해설 16.④ 17.④ 18.②

19 다음은 암모니아(NH_3)를 이용하여 질산(HNO_3)을 제조하는 과정을 나타낸 것이다. 밑줄 친 N(질소)의 산화수를 차례대로 바르게 나타낸 것은?

$$\underline{N}H_3(g) \xrightarrow[\text{촉매}]{O_2} \underline{N}O(g) \xrightarrow{O_2} \underline{N}O_2(g) \xrightarrow{H_2O} H\underline{N}O_3(aq) + NO(g)$$

① −3, +2, +4, +5
② −3, −2, +4, +5
③ −3, +2, −4, −5
④ +3, +2, +4, +5
⑤ +3, −2, −4, +5

20 N, O, F에 대하여 맞는 것을 모두 고른 것은?

㉠ 전기음성도 크기의 순서는 F > O > N이다.
㉡ 원자 반지름의 순서는 F > O > N이다.
㉢ 결합 길이의 순서는 $F_2 > O_2 > N_2$이다.

① ㉡
② ㉠㉡
③ ㉠㉢
④ ㉡㉢
⑤ ㉠㉡㉢

19 • $\underline{N}H_3+O_2 \rightarrow \underline{N}O$

산화수는 -3　산화수는 +2

• $\underline{N}O+O_2 \rightarrow \underline{N}O_2$

산화수는 +2　산화수는 +4

• $\underline{N}O_2+H_2O \rightarrow H\underline{N}O_3+NO$

산화수는 +4　산화수는 +5

그러므로 NH_3는 -3, NO는 +2, NO_2는 +4, HNO_3는 +5이다.

※ 산화수 구하는 규칙

㉠ 홑원소물질 원자의 산화수는 0이다.

㉡ 중성 화합물의 산화수의 총합은 0이다.

㉢ 라디칼 이온의 산화수의 총합 = 이온의 전하수

㉣ 이온의 산화수 = 이온의 전자수

㉤ 수소원자의 산화수는 비금속화합물에서 +1, 금속화합물에서 −1이다.

㉥ 산소원자의 산화수는 −2이고, 과산화물에서는 −1이다.

㉦ 금속원자의 산화수는 1족 원자는 +1, 2족 원자는 +2, 13족 원자는 +3이다.

㉧ 할로겐원소의 원자가 가지는 산화수는 −1이다.

20 ㉠ N, O, F는 같은 주기(2주기)의 원자이다. 전기음성도는 공유결합을 이루고 있는 전자쌍을 끌어당기는 상대적인 인력의 세기이며 대체로 같은 주기에서는 원자번호가 증가할수록 증가한다. 전기음성도는 각각 F(4), O(3.5), N(3)이다.

㉡ 같은 주기에서 족이 증가할수록 최외각 전자수가 증가하므로 원자 반지름은 감소한다. N > O > F

㉢ F_2는 단일결합, O_2는 이중결합, N_2는 삼중결합이다. 결합수가 증가할수록 결합길이는 감소한다.

정답 및 해설 19.① 20.③

2015 | 6월 27일 | 제1회 지방직 시행

1 끓는점이 가장 높은 화합물은?

① 아세톤
② 물
③ 벤젠
④ 에탄올

2 25°C에서 1.0M의 수용액을 만들었을 때 pH가 가장 낮은 것은? (단, 25°C에서 산 해리상수(K_a)는 아래와 같다)

C_6H_5OH : 1.3×10^{-10}
HCN : 4.9×10^{-10}
$C_9H_8O_4$: 3.0×10^{-4}
HF : 6.8×10^{-4}

① C_6H_5OH
② HCN
③ $C_9H_8O_4$
④ HF

3 약염기를 강산으로 적정하는 곡선으로 옳은 것은?

①

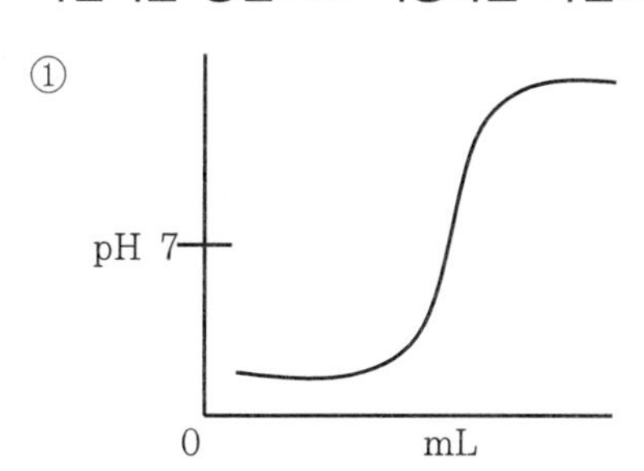

②

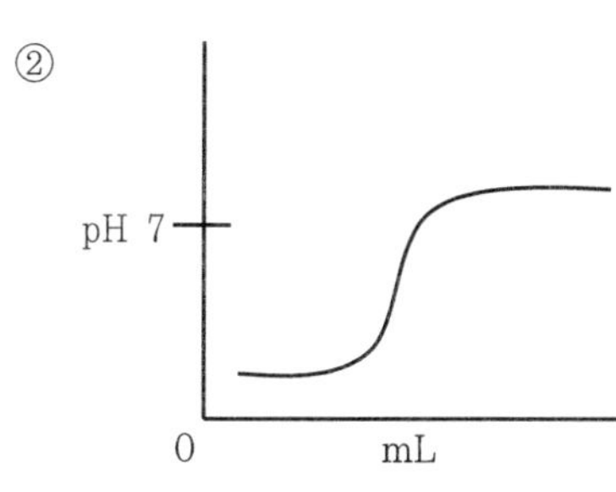

③

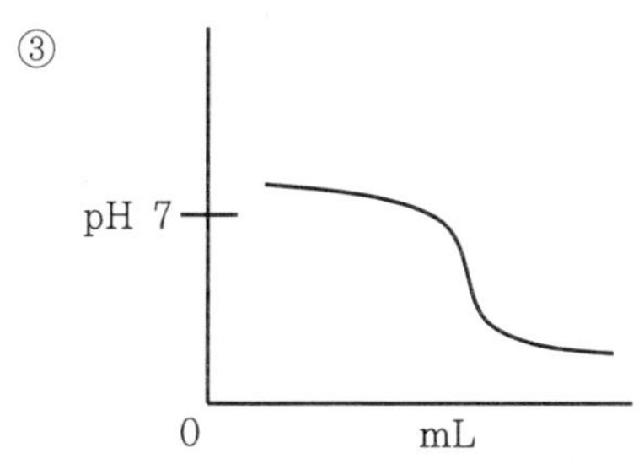

④

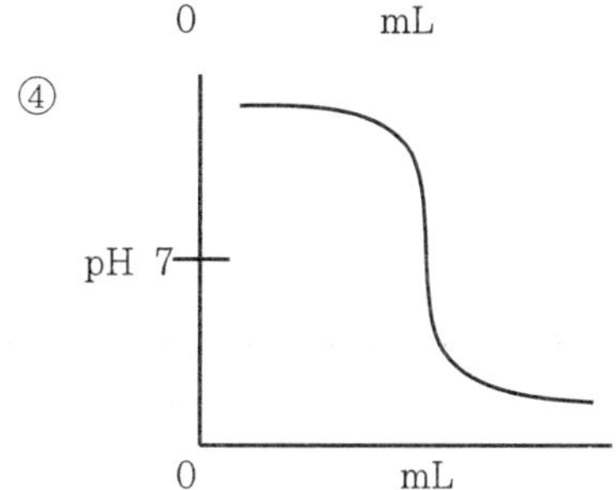

---

1 끓는점은 분자량과 분자구조에 영향을 받는다. 즉, 구성 분자들 간의 인력이 클수록 화합물의 끓는점이 높다. 물과 에탄올의 경우 분자량이 작지만 수소결합을 하기 때문에 비슷한 분자량을 가진 화합물들보다 높은 끓는점을 갖는다.

① 56.5℃ ② 100℃ ③ 80.1℃ ④ 78.3℃

※ **분자 간의 힘의 크기** … 분자 수소결합 > 쌍극자 간 인력 > 쌍극자와 유도 쌍극자 간 인력 > 순간 쌍극자 간 인력(분산력)

2 산 해리상수(K_a) … 산의 이온화 평형의 평형상수이다. 산 해리상수의 값이 클수록 이온화가 잘되는 것이므로 산의 세기가 크다(pH값이 작다). 임의의 산 HA의 이온화 평형을 $HA \leftrightarrow H^+ + A^-$라 할 때, 산 해리상수 K_a는 $K_a = \frac{[H^+][A^-]}{[HA]}$이다.

$H^+ = \sqrt{K_a C}$ (C는 몰농도), $pH = -\log[H^+]$

① $1.14 \times 10^{-5} = -\log[1.14 \times 10^{-5}] = 4.9 \fallingdotseq 5$

② $2.21 \times 10^{-5} = -\log[2.21 \times 10^{-5}] = 4.6$

③ $0.017 = -\log[0.017] = 1.77 \fallingdotseq 1.8$

④ $0.026 = -\log[0.026] = 1.58 \fallingdotseq 1.6$

3 수소이온 농도의 지수, 수용액에서 $[H^+]$나 $[OH^-]$는 너무 작은 수치로 표현되어 용액의 액성을 나타내는 데 pH를 사용한다. $pH = \log\frac{1}{[H^+]}$로 나타내며, 중성 용액의 pH값은 7이다. 산성 용액은 $pH < 7$, 염기성 용액은 $pH > 7$이다. 약염기의 pH값은 7보다 크지만 7에 가까운 값이고, 강산의 pH값은 7보다 작고 0에 가까운 값이므로 약염기를 강산으로 적정하는 곡선은 ③이다.

정답 및 해설 1.② 2.④ 3.③

4 0.1M 황산(H_2SO_4) 용액 1.5L를 만드는 데 필요한 15M 황산의 부피는?

① 0.01L
② 0.1L
③ 22.5L
④ 225L

5 수소 원자의 선 스펙트럼을 설명할 수 있는 것만을 모두 고른 것은?

> ㉠ 보어의 원자 모형
> ㉡ 러더퍼드의 원자 모형
> ㉢ 톰슨의 원자 모형

① ㉠　　② ㉡
③ ㉢　　④ ㉠㉡㉢

6 1A족 원소(Li, Na, K)의 성질에 대한 설명으로 옳은 것만을 모두 고른 것은?

> ㉠ 원자번호가 커질수록 일차 이온화 에너지 값이 감소한다.
> ㉡ 25°C에서 원자번호가 커질수록 밀도가 감소한다.
> ㉢ Cl_2와 반응할 때 환원력은 K < Na < Li이다.
> ㉣ 물과 반응할 때 환원력은 K < Li이다.

① ㉠㉡　　② ㉠㉣
③ ㉡㉢　　④ ㉢㉣

7 산화수에 대한 설명으로 옳은 것만을 모두 고른 것은?

> ㉠ 화학 반응에서 산화수가 감소하는 물질은 환원제이다.
> ㉡ 화합물에서 수소의 산화수는 항상 +1이다.
> ㉢ 홑원소 물질을 구성하는 원자의 산화수는 0이다.
> ㉣ 단원자 이온의 산화수는 그 이온의 전하수와 같다.

① ㉠㉡ ② ㉠㉢
③ ㉡㉣ ④ ㉢㉣

---

4 $MV = M'V'$

$15 \times V = 0.1 \times 1.5$

$V = \frac{0.1 \times 1.5}{15}$

$= 0.01L$

5 수소 방전관의 수소기체를 전기방전시키면 선 스펙트럼을 얻을 수 있는데 선 스펙트럼이 나타나는 이유는 수소원자의 전자가 에너지를 흡수하여 불안정한 들뜬 상태로 되었다가 안정한 상태(바닥상태)로 되면서 빛 에너지를 방출하기 때문이다.

㉠ 보어의 원자 모형에서 전자는 정해진 에너지 상태(궤도)에서만 존재하며, 전자가 궤도를 이동할 때는 두 궤도 사이의 에너지 차이(ΔE)만큼의 에너지를 흡수 또는 방출한다. 따라서 선 스펙트럼을 설명할 수 있다.

㉡ **러더퍼드의 원자 모형** : 원자의 중심에 원자핵이 있고 원자핵과 전자는 정전기적 인력을 극복하기 위해 전자가 원자핵 주위를 돌면서 원심력과 정전기적 인력이 평형을 이루는 모형이다. 이 모형에 의하면 전자가 에너지를 방출하면 전자의 회전속도가 감소되어 방출되는 에너지 스펙트럼은 연속 스펙트럼으로 나타나야 하므로 선 스펙트럼을 설명할 수 없다.

㉢ **톰슨의 원자 모형** : 양전하를 가지는 물질 속에 전자가 균일하게 분포한다.

6 ㉡ 밀도 = $\frac{질량}{부피}$ 이다. 원자번호가 커질수록 원자의 질량과 부피가 모두 증가하므로 원자번호에 대한 밀도의 경향성을 알 수 없다.

㉢ Cl_2와 반응할 때 환원력은 원자가 전자를 쉽게 잃고 양이온이 잘된다는 것으로 금속성을 나타낸다. 금속성은 같은 족에서 원자번호가 커질수록 크므로 K > Na > Li이다.

7 ㉠ 산화수가 감소하는 것은 환원이 된다는 의미이며, 이는 산화제로 작용한다.

㉡ Li, Na 등의 알칼리금속과 반응할 때 수소의 산화수는 −1이다.

정답 및 해설 4.① 5.① 6.② 7.④

8 모든 온도에서 자발적 과정이기 위한 조건은?

① $\Delta H > 0$, $\Delta S > 0$
② $\Delta H = 0$, $\Delta S < 0$
③ $\Delta H > 0$, $\Delta S = 0$
④ $\Delta H < 0$, $\Delta S > 0$

9 다음은 질소(N_2) 기체와 수소(H_2) 기체가 반응하여 암모니아(NH_3) 기체가 생성되는 화학반응식이다.

$$N_2(g) + 3H_2(g) \rightleftarrows 2NH_3(g)$$

그림은 부피가 1L인 강철용기에 $N_2(g)$ 4몰, $H_2(g)$ 8몰을 넣고 반응시킬 때 반응 시간에 따른 $N_2(g)$의 몰수를 나타낸 것이다.

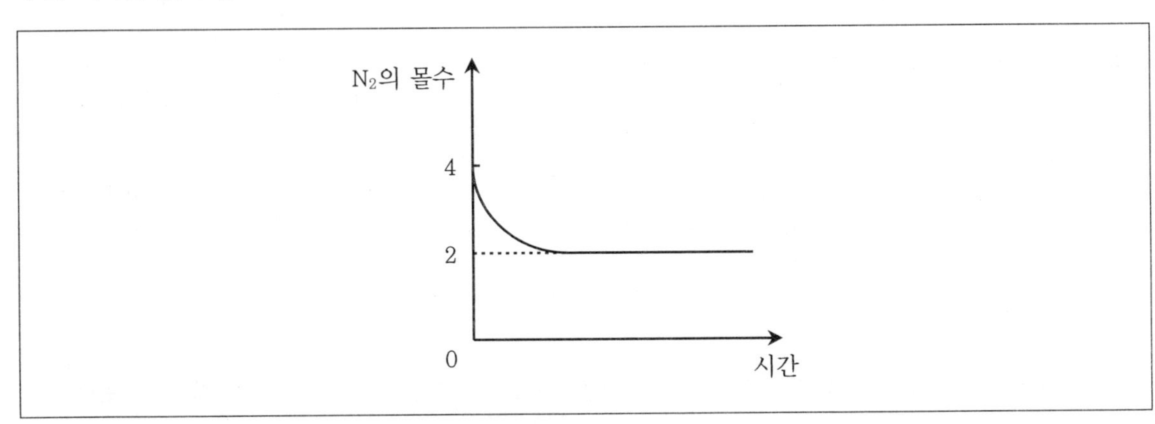

이 반응의 평형상수(K) 값은? (단, 온도는 일정하다)

① 1
② 2
③ 4
④ 8

10 다음 반응에서 28.0g의 NaOH(분자량 : 40.0)이 들어있는 1.0L 용액을 중화하기 위해 필요한 2.0M HCl의 부피는?

$$NaOH(aq) + HCl(aq) \rightarrow NaCl(aq) + H_2O(l)$$

① 150.0mL

② 250.0mL

③ 350.0mL

④ 450.0mL

---

8 깁스자유에너지(ΔG) … 평형상태를 설명할 때 사용되는 열역학 변수로 엔트로피 변화(ΔS)와 엔탈피 변화(ΔH)를 절충한 함수이다. 일정한 온도에서 일어나는 반응의 깁스자유에너지는 $\Delta G = \Delta H - T\Delta S$($T$: 켈빈온도)이다. $\Delta G < 0$일 때, 자발적인 반응이 일어난다.

④ T는 항상 0보다 크므로 모든 온도에서 자발적 반응이 일어나기 위해서는 $\Delta G < 0$이어야 하므로 $\Delta H < 0$, $\Delta S > 0$이어야 한다.

9 평형상수 … 화학반응이 평형을 이룰 때, 반응물과 생성물의 농도관계를 나타낸 상수이며, 초기농도와 상관없이 항상 같은 값을 갖는다.

임의의 반응식이 $aA + bB \leftrightarrows cC + dD$($a$, b, c, d는 계수)일 때, 평형상수는 $K = \frac{[C]^c[D]^d}{[A]^a[B]^b}$이다.

① 주어진 반응에서 N_2가 2몰이 남았을 때 반응이 평형을 이루었으므로 N_2는 2몰이 반응했다. N_2, H_2와 NH_3의 반응비는 1 : 3 : 2이므로 N_2는 2몰이 반응했을 때, H_2는 6몰 반응하여 2몰이 남고, NH_3는 4몰 생성된다.

$$\therefore K = \frac{[NH_3]^2}{[N_2][H_2]^3} = \frac{4^2}{2 \times 2^3} = 1$$

10 주어진 반응의 NaOH의 몰수를 구하면 다음과 같다.

$$\frac{28.0\text{g}}{40.0\text{g/mol}} = 0.7\text{mol}$$

주어진 NaOH용액을 중화시키기 위해서는 OH^-의 몰수와 H^+의 몰수가 같아야하므로

$2.0\text{mol/L} \times x\text{L} = 0.7\text{mol}$

$\therefore x = 0.35\text{L} = 350\text{mL}$

정답 및 해설 8.④ 9.① 10.③

11 Cr^{3+}의 바닥상태 전자 배치는? (단, Cr의 원자 번호는 24이다)

① $[Ar]4s^1 3d^2$

② $[Ar]4s^1 3d^5$

③ $[Ar]4s^2 3d^1$

④ $[Ar]3d^3$

12 다음 표는 원소와 이온의 구성 입자 수를 나타낸 것이다.

	A	B	C	D
양성자 수	6	6	7	8
중성자 수	6	8	7	8
전자 수	6	6	7	6

이에 대한 설명으로 옳은 것은? (단, A～D는 임의의 원소 기호이다)

① A와 D는 동위원소이다.

② B와 C는 질량수가 동일하다.

③ B의 원자번호는 8이다.

④ D는 음이온이다.

13 다음 각 화합물의 1M 수용액에서 이온 입자 수가 가장 많은 것은?

① NaCl

② KNO_3

③ NH_4NO_3

④ $CaCl_2$

14 다음 중 무극성 분자는?

① 암모니아
② 이산화탄소
③ 염화수소
④ 이산화황

11 ${}_{24}Cr \rightarrow 1s^2 2s^2 2p^6 3s^2 3p^6 4s^2 3d^4$
Cr^{3+} → 전자 3개를 잃음 → $1s^2 2s^2 2p^6 3s^2 3p^6 3d^3 = [Ar]\,3d^3$
수소원자와 달리 다전자원자는 $3d$가 아닌 $4s$ 먼저 에너지가 채워진다. 떨어질 때도 또한 같다.

12 ② 질량수란 원자핵을 이루는 양성자 수와 중성자 수의 합으로 B와 C의 질량수는 6+8=14, 7+7=14로 동일하다.
① 동위원소란 양성자 수는 같지만 중성자 수가 달라 질량이 다른 원소로 양성자 수가 다른 A와 D는 동위원소가 아니다. A ~ D 중 A와 B가 동위원소에 해당한다.
③ 원자번호는 원자핵 속의 양성자 수이므로 B의 원자번호는 6이다.
④ D는 양성자 수 8, 전자 수 6으로 전자를 두 개 잃어 2가 양이온이다.

13 ① $NaCl \rightarrow Na^+ + Cl^-$: 2개
② $KNO_3 \rightarrow K^+ + NO_3^-$: 2개
③ $NH_4NO_3 \rightarrow NH_4^+ + NO_3^-$: 2개
④ $CaCl_2 \rightarrow Ca^{2+} + 2Cl^-$: 3개

14 극성 분자와 무극성 분자의 종류
㉠ 극성 분자의 종류 : 물, 염화수소, 암모니아, 에탄올, 설탕, 이산화황, 이산화질소 등
㉡ 무극성 분자의 종류 : 이산화탄소, 산소, 질소, 아이오딘, 벤젠, 메탄, 사염화탄소, 핵산 등

정답 및 해설 11.④ 12.② 13.④ 14.②

15 다음 중 결합 차수가 가장 낮은 것은?

① O_2

② F_2

③ CN^-

④ NO^+

16 다음 원자 또는 이온 중 반지름이 가장 큰 것은?

① $_{11}Na^+$

② $_{12}Mg^{2+}$

③ $_{17}Cl^-$

④ $_{18}Ar$

17 다음 표는 반응 $2A_3(g) \rightarrow 3A_2(g)$의 메커니즘과 각 단계의 활성화 에너지를 나타낸 것이다.

반응 메커니즘		활성화 에너지[kJ/mol]
단계 (1)	$A_3 \rightarrow A + A_2$	20
단계 (1)의 역과정	$A + A_2 \rightarrow A_3$	10
단계 (2)	$A + A_3 \rightarrow 2A_2$	50

이에 대한 설명으로 옳은 것만을 모두 고른 것은?

㉠ A는 반응 중간체이다.
㉡ 반응 속도 결정 단계는 단계 (2)이다.
㉢ 전체 반응의 활성화 에너지는 50kJ/mol이다.

① ㉠

② ㉢

③ ㉠㉡

④ ㉡㉢

15 결합차수 $= \frac{(\text{결합성 전자수} - \text{반결합성 전자수})}{2}$

$O_2 = \frac{6-2}{2} = 2$

$F_2 = \frac{6-4}{2} = 1$

$CN^- = \frac{8-2}{2} = 3$

$NO^+ = \frac{10-4}{2} = 3$

16 원자 또는 이온의 반지름은 전자껍질 수가 많을수록 크며, 같은 전자껍질 수를 가지는 원자 또는 이온의 경우 유효 핵전하가 작을수록 반지름이 크다.

㉠ $_{11}Ns^+$와 $_{12}Mg^{2+}$의 경우 전자껍질 2개를 가지며, $_{17}Cl^-$와 $_{18}Ar$은 3개의 전자껍질을 갖는다.

㉡ $_{17}Cl^-$와 $_{18}Ar$은 모두 전자가 18개로 동일하므로 양성자의 수가 적은 Cl의 반지름이 가장 크다.

※ **이온 반지름, 원자 반지름의 관계**

㉠ 양이온 < 원자

㉡ 음이온 > 원자

㉢ 등전자 이온 반지름 = 양성자 수에 비례

17 ㉠ 반응 중간체란 전체반응식에는 존재하지 않지만 반응의 중간과정에 참여하는 물질로, 주어진 반응에서 A는 반응 중간체이다.

㉡ 반응 속도 결정 단계는 전체 반응의 속도에 가장 큰 영향을 주는 반응 단계로, 일련의 반응 중 가장 느리게 일어나는, 즉 활성화 에너지가 가장 큰 단계를 말한다. 따라서 주어진 반응 중 반응 속도 결정 단계는 단계 (2)이다.

㉢ 전체 반응의 활성화 에너지 = 정반응의 활성화 에너지 − 역반응의 활성화 에너지

$= (20+50)-(10) = 60\text{kJ/mol}$

정답 및 해설 15.② 16.③ 17.③

18 대기 중에서 일어날 수 있는 다음 반응 중 산성비 형성과 관계가 없는 것은?

① $O_3(g) \rightarrow O_2(g) + O(g)$

② $S(s) + O_2(g) \rightarrow SO_2(g)$

③ $N_2(g) + O_2(g) \rightarrow 2NO(g)$

④ $SO_3(g) + H_2O(l) \rightarrow H_2SO_4(aq)$

19 광화학 스모그를 일으키는 주된 물질은?

① 이산화탄소

② 이산화황

③ 질소산화물

④ 프레온 가스

20 중심원자의 혼성 궤도에서 s-성질 백분율(percent s-character)이 가장 큰 것은?

① BeF_2

② BF_3

③ CH_4

④ C_2H_6

18 산성비 … 수소 이온 지수(pH)가 5.6 미만인 비이다. 주로 질소산화물 또는 황산화물에 의해 발생된다.
① 주어진 식은 오존의 분해식으로 오존층의 파괴와 관계된 반응식이다.

19 광화학 스모그 … 공장, 자동차의 배기가스 등에 포함되어 있는 질소산화물이나 탄화수소가 햇빛에 포함된 자외선의 영향으로 화학 반응을 일으켜서, 여기서 생성되는 생물에 유해한 산화물질이 대기 중에 안개같이 머무르는 식으로 형성된다. 자외선이 발생에 영향을 주기 때문에 빛이 강한 날에 잘 발생하며, 또한 대기 중에 머물러야 하기 때문에 바람이 약한 날에 또한 잘 발생한다.

20 ① sp 혼성 구조로 약 50%의 s오비탈 성질과 50%의 p오비탈 성질을 가진다.
② sp^2 혼성 구조로 약 33%의 s오비탈 성질과 66%의 p오비탈 성질을 가진다.
③④ sp^3 혼성구조로 약 25%의 s오비탈 성질과 75%의 p오비탈 성질을 가진다.

정답 및 해설 18.① 19.③ 20.①

2016 | 6월 18일 | 제1회 지방직 시행

1 **다음 중 개수가 가장 많은 것은?**

① 순수한 다이아몬드 12g 중의 탄소 원자
② 산소 기체 32g 중의 산소 분자
③ 염화암모늄 1몰을 상온에서 물에 완전히 녹였을 때 생성되는 암모늄이온
④ 순수한 물 18g 안에 포함된 모든 원자

2 **원소들의 전기음성도 크기의 비교가 올바른 것은?**

① C < H
② S < P
③ S < O
④ Cl < Br

3 1 M $Fe(NO_3)_2$ 수용액에서 음이온의 농도는? (단, $Fe(NO_3)_2$는 수용액에서 100% 해리된다)

① 1M   ② 2M
③ 3M   ④ 4M

1

① C : $12g \times \frac{1mol}{12g} \times \left(\frac{6.02 \times 10^{23}개}{1mol}\right) = 6.02 \times 10^{23}$개

② O_2 : $32g \times \frac{1mol}{32g} \times \left(\frac{6.02 \times 10^{23}개}{1mol}\right) = 6.02 \times 10^{23}$개

③ $NH_4Cl \rightarrow NH_4^+ + Cl^-$

염화암모늄(NH_4Cl) 1mol을 물에 녹이면 NH_4^+ 1mol이 생긴다.

NH_4^+ : $1mol \times \left(\frac{6.02 \times 10^{23}개}{1mol}\right) = 6.02 \times 10^{23}$개

④ H_2O : $18g \times \frac{1mol}{18g} = 1mol$

H_2O 1mol에는 H 원자 2mol, O 원자 1mol이 들어 있다.

H : $2mol \times \left(\frac{6.02 \times 10^{23}개}{1mol}\right) = 12.04 \times 10^{23}$개

O : $1mol \times \left(\frac{6.02 \times 10^{23}개}{1mol}\right) = 6.02 \times 10^{23}$개

∴ 모든 원자의 개수 $= 18.06 \times 10^{23}$개

2 전기음성도의 크기

㉠ 같은 주기일 때 : 원자번호가 클수록 전기음성도가 크다.
㉡ 같은 족일 때 : 원자번호가 작을수록 전기음성도가 크다.
① H는 전기음성도가 2.1, C는 전기음성도가 2.5로 C > H
② S, P는 같은 주기원소로 S가 P보다 원자번호가 크기 때문에 전기음성도 크기는 S > P
③ S, O는 같은 족 원소로 S가 O보다 원자번호가 크기 때문에 전기음성도 크기는 S < O
④ Cl, Br은 같은 족 원소로 Cl이 Br보다 원자번호가 작기 때문에 전기음성도 크기는 Cl > Br

3 $Fe(NO_3)_2(aq) \rightarrow Fe^{2+}(aq) + 2NO_3^-(aq)$

$Fe(NO_3)_2 : NO_3^- = 1 : 2$(몰수비)

음이온인 NO_3^-의 농도

$Fe(NO_3)_2 : NO_3^- = 1 : 2 = 1M : xM$

$x = 2M$

정답 및 해설 1.④ 2.③ 3.②

4 90g의 글루코오스($C_2H_{12}O_2$)와 과량의 산소(O_2)를 반응시켜 이산화탄소(CO_2)와 물(H_2O)이 생성되는 반응에 대한 설명으로 옳지 않은 것은? (단, H, C, O의 몰 질량[g/mol]은 각각 1, 12, 16이다)

$$C_6H_{12}O_6(s) + 6O_2(g) \rightarrow x\,CO_2(g) + y\,H_2O(l)$$

① x와 y에 해당하는 계수는 모두 6이다.
② 90g 글루코오스가 완전히 반응하는데 필요한 O_2의 질량은 96g이다.
③ 90g 글루코오스가 완전히 반응해서 생성되는 CO_2의 질량은 88g이다.
④ 90g 글루코오스가 완전히 반응해서 생성되는 H_2O의 질량은 54g이다.

5 밑줄 친 원자(C, Cr, N, S)의 산화수가 옳지 않은 것은?

① $H\underline{C}O_3^-$, +4
② $\underline{Cr}_2O_7^{2-}$, +6
③ $\underline{N}H_4^+$, +5
④ $\underline{S}O_4^{2-}$, +6

6 다음의 화합물 중에서 원소 X가 산소(O)일 가능성이 가장 낮은 것은? (단, O의 몰 질량[g/mol]은 16이다)

화합물	㉠	㉡	㉢	㉣
분자량	160	80	70	64
원소 X의 질량 백분율(%)	30	20	30	50

① ㉠ ② ㉡
③ ㉢ ④ ㉣

7 묽은 설탕 수용액에 설탕을 더 녹일 때 일어나는 변화를 설명한 것으로 옳은 것은?

① 용액의 증기압이 높아진다.
② 용액의 끓는점이 낮아진다.
③ 용액의 어는점이 높아진다.
④ 용액의 삼투압이 높아진다.

---

4 ① C : $1\times6=x\times1$ $\therefore x=6$

H : $1\times12=y\times2$ $\therefore y=6$

반응식을 완성하면 $C_6H_{12}O_6(s)+6O_2(g) \rightarrow 6CO_2(g)+6H_2O(l)$

② 90g 글루코오스 mol수 $=90g\times\frac{1mol}{(6\times12+12\times1+16\times6)g}=0.5mol$

완전히 반응하는 데 필요한 O_2 질량 $=0.5mol$ 글루코오스 $\times\frac{6molO_2}{1mol글루코오스}\times\frac{32gO_2}{1molO_2}=96g$

③ 생성되는 CO_2 질량 $=0.5mol$ 글루코오스 $\times\frac{6molCO_2}{1mol글루코오스}\times\frac{(1\times12+2\times16)gCO_2}{1molCO_2}=132g$

④ 생성되는 H_2O 질량 $=0.5mol$ 글루코오스 $\times\frac{6molH_2O}{1mol글루코오스}\times\frac{(2\times1+1\times16)gH_2O}{1molH_2O}=54g$

5 H의 산화수 $=+1$, O의 산화수 $=-2$

① 전체 산화수가 -1이 되려면 C의 산화수 $=-1-(+1)+[-3\times(-2)]=+4$

② 전체 산화수가 -2가 되려면 Cr의 산화수 $=\frac{-2-[-7\times(-2)]}{2}=+6$

③ 전체 산화수가 $+1$이 되려면 N의 산화수 $=+1-4\times(+1)=-3$

④ 전체 산화수가 -2가 되려면 S의 산화수 $=-2-[-4\times(-2)]=+6$

6

㉠ $160g/mol\times0.3\times\frac{1mol}{16g}=3$

㉡ $80g/mol\times0.2\times\frac{1mol}{16g}=1$

㉢ $70g/mol\times0.3\times\frac{1mol}{16g}=1.3125$

㉣ $64g/mol\times0.5\times\frac{1mol}{16g}=2$

㉢은 정수로 떨어지지 않기 때문에 ㉢의 원소 X가 산소일 가능성이 가장 낮다.

7 용액의 농도가 증가하면, 묽은 용액의 총괄성에 따라 증기압 내림, 끓는점 오름, 어는점 내림, 삼투압 오름 현상이 일어난다.

정답 및 해설 4.③ 5.③ 6.③ 7.④

8 **대기 오염 물질인 기체 A, B, C가 〈보기 1〉과 같을 때 〈보기 2〉의 설명 중 옳은 것만을 모두 고른 것은?**

〈보기 1〉

A : 연료가 불완전 연소할 때 생성되며, 무색이고 냄새가 없는 기체이다.

B : 무색의 강한 자극성 기체로, 화석 연료에 포함된 황 성분이 연소 과정에서 산소와 결합하여 생성된다.

C : 자극성 냄새를 가진 기체로 물의 살균 처리에도 사용된다.

〈보기 2〉

㉠ A는 헤모글로빈과 결합하면 쉽게 해리되지 않는다.

㉡ B의 수용액은 산성을 띤다.

㉢ C의 성분 원소는 세 가지이다.

① ㉠㉡　② ㉠㉢

③ ㉡㉢　④ ㉠㉡㉢

9 **다음 중 분자 구조가 나머지와 다른 것은?**

① $BeCl_2$

② CO_2

③ XeF_2

④ SO_2

10 van der Waals 상태방정식 $P=\frac{nRT}{V-nb}-\frac{an^2}{V^2}$에 대한 설명으로 옳은 것만을 모두 고른 것은? (단, P, V, n, R, T는 각각 압력, 부피, 몰수, 기체상수, 온도이다)

> ㉠ a는 분자 간 인력의 크기를 나타낸다.
> ㉡ b는 분자 간 반발력의 크기를 나타낸다.
> ㉢ a는 $H_2O(g)$가 $H_2S(g)$보다 크다.
> ㉣ b는 $Cl_2(g)$가 $H_2(g)$보다 크다.

① ㉠㉢
② ㉡㉣
③ ㉠㉢㉣
④ ㉠㉡㉢㉣

---

8 A : 일산화탄소(CO)
B : 아황산가스(이산화황가스 SO_2)
C : 염소기체(Cl_2)
㉠ 일산화탄소는 헤모글로빈과 결합해 쉽게 해리되지 않는다. 이로 인해 산소공급능력을 방해받아 산소부족을 불러온다.
㉡ 아황산가스는 물에 녹아 황산을 생성하며 이는 산성을 띤다.
㉢ C는 염소기체로 성분 원소는 Cl 하나이다.

9 $BeCl_2$, CO_2, XeF_2는 선형구조, SO_2는 굽은형 구조를 가진다.

10 ㉠ a는 이상기체 상태방정식에서 분자 간 인력의 크기를 고려해 압력을 보정한 값이다.
㉡ b는 이상기체 상태방정식에서 분자 간 반발력의 크기를 고려해 부피를 보정한 값이다.
㉢ H_2O는 수소결합을 하므로 H_2S보다 인력이 더 크다. 따라서 a값이 더 크다.
㉣ Cl_2가 H_2보다 분자크기가 크기 때문에 b값이 더 크다.

정답 및 해설 8.① 9.④ 10.④

11 다음 반응에 대한 평형상수는?

$$2CO(g) \rightleftarrows CO_2(g) + C(s)$$

① $K = [CO_2]/[CO]^2$

② $K = [CO]^2/[CO_2]$

③ $K = [CO_2][C]/[CO]^2$

④ $K = [CO]^2/[CO_2][C]$

12 질량 백분율이 N 64%, O 36%인 화합물의 실험식은? (단, N, O의 몰 질량[g/mol]은 각각 14, 16이다)

① N_2O

② NO

③ NO_2

④ N_2O_5

13 25℃에서 $[OH^-] = 2.0 \times 10^{-5}$ M일 때, 이 용액의 pH값은? (단, log2 = 0.30이다)

① 2.70

② 4.70

③ 9.30

④ 11.30

14 온도가 400K이고 질량이 6.00kg인 기름을 담은 단열 용기에 온도가 300K이고 질량이 1.00kg인 금속공을 넣은 후 열평형에 도달했을 때, 금속공의 최종 온도[K]는? (단, 용기나 주위로 열 손실은 없으며, 금속공과 기름의 비열[J/(kg · K)]은 각각 1.00과 0.50로 가정한다)

① 350
② 375
③ 400
④ 450

11 평형상수는 기체의 경우만 고려한다.

평형상수 $K=\frac{[CO_2]}{[CO]^2}$

12 몰비를 구하면

$N : O = \frac{64}{14} : \frac{36}{16} = \frac{32}{7} : \frac{9}{4} = 128 : 63 \fallingdotseq 2 : 1$

13 $pH = -\log[H^+] = 14 - pOH = 14 - (-\log[OH^-]) = 14 + \log(2.0 \times 10^{-5}) \fallingdotseq 9.30$

14 $Q = cm\triangle T$

금속공이 얻은 열량 = 기름이 잃은 열량

$1 \times 1 \times (T-300) = 0.5 \times 6 \times (400 - T)$

$T - 300 = 1,200 - 3T$

$4T = 1,500$

$T = 375$

정답 및 해설 11.① 12.① 13.③ 14.②

15 아래 반응에서 산화되는 원소는?

$$14HNO_3 + 3Cu_2O \rightarrow 6Cu(NO_3)_2 + 2NO + 7H_2O$$

① H
② N
③ O
④ Cu

16 다음 그림은 어떤 반응의 자유에너지 변화($\triangle G$)를 온도(T)에 따라 나타낸 것이다. 이에 대한 설명으로 옳은 것만을 모두 고른 것은? (단, $\triangle H$는 일정하다)

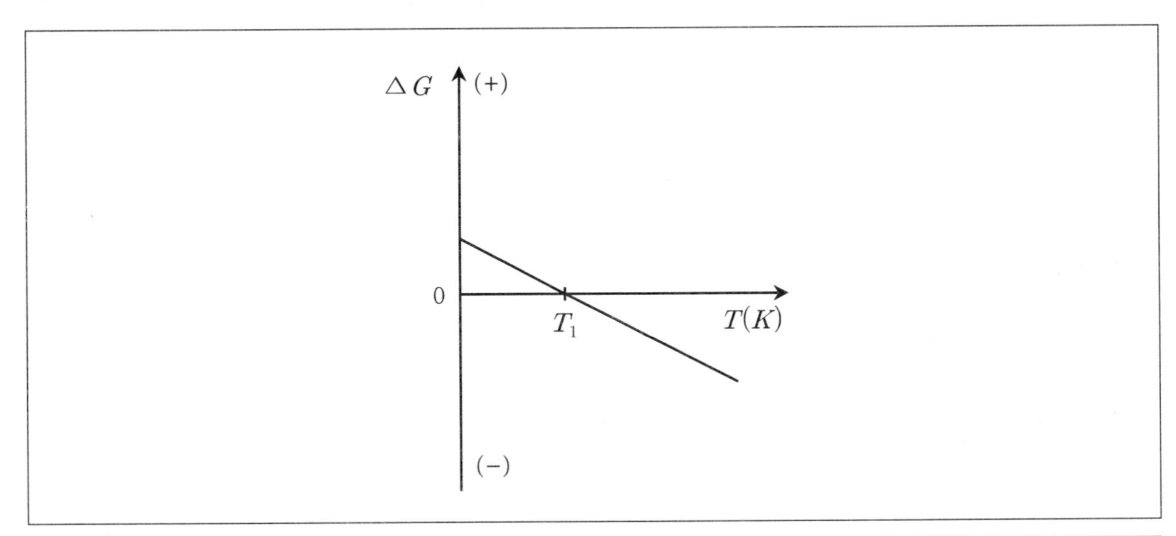

㉠ 이 반응은 흡열반응이다.
㉡ T_1보다 낮은 온도에서 반응은 비자발적이다.
㉢ T_1보다 높은 온도에서 반응의 엔트로피 변화($\triangle S$)는 0보다 크다.

① ㉠㉡
② ㉠㉢
③ ㉡㉢
④ ㉠㉡㉢

17 **이온성 고체에 대한 설명으로 옳은 것은?**

① 격자에너지는 NaCl이 NaI보다 크다.

② 격자에너지는 NaF가 LiF보다 크다.

③ 격자에너지는 KCl이 $CaCl_2$보다 크다.

④ 이온성 고체는 표준생성엔탈피($\triangle H_f^{\circ}$)가 0보다 크다.

---

15 산화수가 증가하는 것이 산화되는 원소이다.

H의 산화수 : +1 → +1 (변함없음)

N의 산화수 : +5 → +5, +2 (변함없음 또는 산화수 감소)

O의 산화수 : −2 → −2 (변함없음)

Cu의 산화수 : +1 → +2

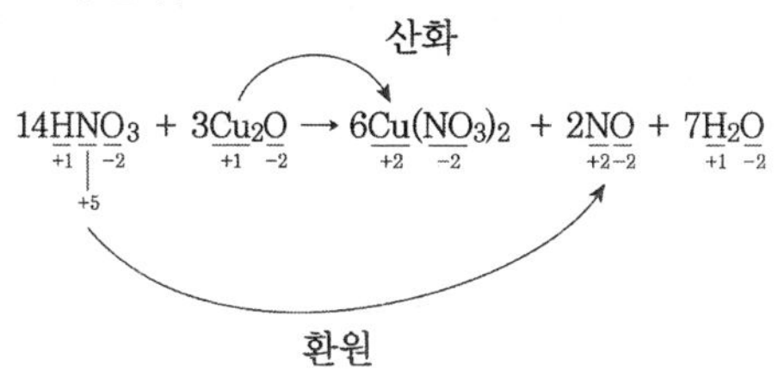

16 ㉠ $\triangle G = \triangle H - T\triangle S$에서 $T = 0$일 때 $\triangle G > 0$이므로 $\triangle H > 0$ (흡열반응)

㉡ T_1보다 낮은 온도에서 $\triangle G > 0$(비자발적인 반응)

㉢ $\triangle G = \triangle H - T\triangle S$에서 온도가 높아질수록 $\triangle G$는 감소하므로 $\triangle S > 0$

17 격자에너지는 두 이온의 전하량의 곱에 비례하고 이온 간 거리에는 반비례한다.

① 원자 반지름 : Cl < I → 이온 간 거리 : NaCl < NaI → 격자에너지 : NaCl > NaI

② 원자 반지름 : Na > Li → 이온 간 거리 : NaF > LiF → 격자에너지 : NaF < LiF

③ 두 이온의 전하량의 곱 : KCl < $CaCl_2$ → 격자에너지 : KCl < $CaCl_2$

④ 이온성 고체는 발열반응을 하며 표준생성엔탈피는 음수의 값을 가진다.

정답 및 해설 15.④ 16.④ 17.①

18 다음 반응은 300K의 밀폐된 용기에서 평형상태를 이루고 있다. 이에 대한 설명으로 옳은 것만을 모두 고른 것은? (단, 모든 기체는 이상기체이다)

$$A_2(g) + B_2(g) \rightleftarrows 2AB(g) \quad \Delta H = 150\ \text{kJ/mol}$$

㉠ 온도가 낮아지면, 평형의 위치는 역반응 방향으로 이동한다.
㉡ 용기에 B_2기체를 넣으면, 평형의 위치는 정반응 방향으로 이동한다.
㉢ 용기의 부피를 줄이면, 평형의 위치는 역반응 방향으로 이동한다.
㉣ 정반응을 촉진시키는 촉매를 용기 안에 넣으면, 평형의 위치는 정반응 방향으로 이동한다.

① ㉠㉡
② ㉠㉢
③ ㉡㉣
④ ㉢㉣

19 철(Fe)로 된 수도관의 부식을 방지하기 위하여 마그네슘(Mg)을 수도관에 부착하였다. 산화되기 쉬운 정도만을 고려할 때, 마그네슘 대신에 사용할 수 없는 금속은?

① 아연(Zn)
② 니켈(Ni)
③ 칼슘(Ca)
④ 알루미늄(Al)

20 다음은 화합물 AB의 전자 배치를 모형으로 나타낸 것이다. 이에 대한 설명으로 옳은 것은? (단, A, B는 각각 임의의 금속, 비금속 원소이다)

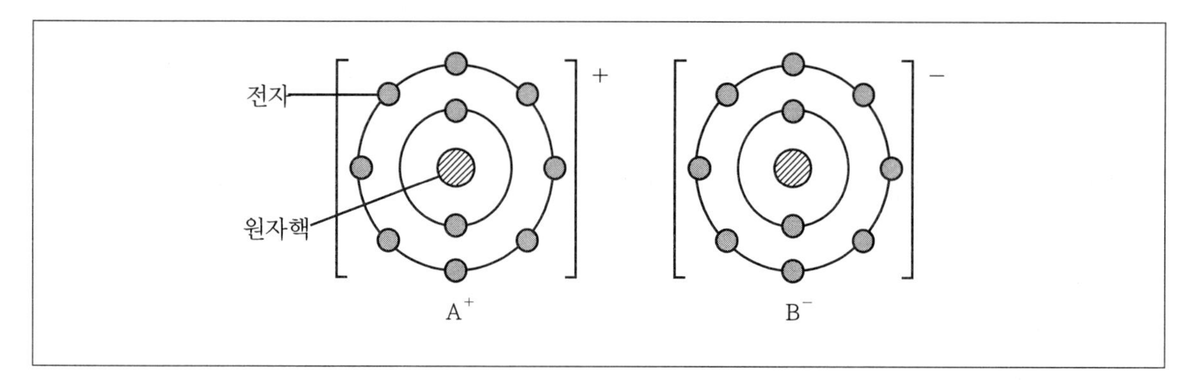

① 화합물 AB의 몰 질량은 20g/mol이다.

② 원자 A의 원자가 전자는 1개이다.

③ B_2는 이중 결합을 갖는다.

④ 원자 반지름은 B가 A보다 더 크다.

---

18 ㉠ $\Delta H > 0$이므로 흡열반응이다.
온도가 낮아지면, 온도가 높아지는 방향인 역반응 방향으로 평형이 이동한다.
㉡ 반응물의 농도가 높아지면, 반응물의 농도가 낮아지는 방향인 정반응 방향으로 평형이 이동한다.
㉢ 반응식에서 반응물 계수의 합과 생성물 계수가 같기 때문에 부피 변화에 따른 평형의 이동은 없다.
㉣ 촉매는 평형을 이동시킬 수 없고, 단지 반응속도를 빠르게 만들어주는 역할을 한다.

19 금속의 반응성 … K > Ca > Na > Mg > Al > Zn > Fe > Ni > Sn > …
니켈이 철보다 반응성이 작아서 니켈을 사용하면 철이 산화반응을 해서 부식이 되어버린다.

20 A는 전자를 하나 잃었을 때 전자가 10개이므로, 원래 상태에서는 전자가 11개이다.
즉 A는 원자번호가 11인 Na이다.
B는 전자를 하나 얻었을 때 전자가 10개이므로, 원래 상태에서는 전자가 9개이다.
즉 B는 원자번호가 9인 F이다.
① Na는 원자량 23, F는 원자량 19로, NaF의 분자량(몰질량)은 42g/mol이다.
② Na은 1족 원소로 원자가 전자가 1개이다.
③ F_2는 단일결합이다.
④ 원자 반지름은 F가 Na보다 작다.

정답 및 해설 18.① 19.② 20.②

2016 | 6월 25일 | 서울특별시 시행

1 질량이 222.222g이고 부피가 20.0cm^3인 물질의 밀도를 올바른 유효숫자로 표시한 것은?

① 11.1111g/cm^3
② 11.111g/cm^3
③ 11.11g/cm^3
④ 11.1g/cm^3

2 1기압에서 A라는 어떤 기체 0.003몰이 물 900g에 녹는다면 2기압인 경우 0.006몰이 같은 양의 물에 녹게 될 것이라는 원리는 다음 중 어느 법칙과 관련이 있는가?

① Dalton의 분압법칙
② Graham의 법칙
③ Boyle의 법칙
④ Henry의 법칙

3 교통 신호등의 녹색 불빛의 중심 파장은 522nm이다. 이 복사선의 진동수(Hz)는 얼마인가? (단, 빛의 속도는 3.00×10^8m/s)

① 5.22×10^7Hz
② 5.22×10^9Hz
③ 5.75×10^{10}Hz
④ 5.75×10^{14}Hz

4 양자수 중의 하나로서 $m\ell$로 표시되며 특정 궤도함수가 원자 내의 공간에서 다른 궤도 함수들에 대해 상대적으로 어떠한 배향을 갖는지 나타내는 양자수는?

① 주양자수

② 각운동량 양자수

③ 자기양자수

④ 스핀양자수

1 222.222 → 유효숫자 6개

20.0 → 유효숫자 3개

곱셈, 나눗셈의 계산에서는 가장 적은 유효숫자 개수로 제한한다. → 유효숫자 3개

$\frac{222.222}{20.0} = 11.1111 \rightarrow 11.1g/cm^3$ (유효숫자 3개)

2 ① **Dalton의 분압법칙** : 혼합기체에서 각 성분의 분압의 비는 각 성분의 몰분율의 비와 같다.

② **Graham의 법칙** : 기체의 확산속도는 기체 분자량의 제곱근에 반비례한다.

③ **Boyle의 법칙** : 일정한 온도에서 기체의 부피는 그 압력에 반비례한다.

④ **Henry의 법칙** : 일정한 온도에서 용해도(일정 부피의 액체 용매에 녹는 기체의 질량)는 용매와 평형을 이루고 있는 기체의 분압에 비례한다.

3 $\lambda n = v$ (λ : 파장, n : 진동수, v : 빛의 속도)

$\therefore n = \frac{v}{\lambda} = \frac{3.00 \times 10^8}{522 \times 10^{-9}} \fallingdotseq 5.75 \times 10^{14}\,\text{Hz}$

4 ① **주양자수** : 궤도함수의 에너지를 결정하는 것으로 1, 2, 3 등과 같은 정수 값을 가진다.
알파벳 n으로 나타낸다.

② **각운동량 양자수** : 궤도함수의 모양을 말해주는 것으로 부양자수라고도 한다.
알파벳 l로 나타내고 l값은 0부터 n-1까지의 정수 값을 가진다.

③ **자기양자수** : 공간상에서 궤도함수의 방향을 나타내는 것으로 m_l로 표현한다.
각 운동량 양자수에 따라 결정되며 $-l$부터 $+l$까지의 정수 값을 가진다.

④ **스핀양자수** : 전자의 스핀운동(자전운동)을 설명하기 위해 도입한 것으로 m_s로 나타낸다.
$-\frac{1}{2}$ 또는 $+\frac{1}{2}$의 값을 갖는다.

정답 및 해설 1.④ 2.④ 3.④ 4.③

5 유기 화합물인 펜테인(C_5H_{12})의 구조이성질체 개수는?

① 1
② 2
③ 3
④ 4

6 에틸렌은 $CH_2=CH_2$의 구조를 갖는 석유화학 공업에서 아주 중요하게 사용되는 재료이다. 에틸렌 분자 내의 탄소는 어떤 혼성궤도함수를 형성하고 있는가?

① sp
② sp^2
③ sp^3
④ dsp^3

7 염소산 포타슘($KClO_3$)은 가열하면 고체 염화 포타슘과 산소 기체를 형성하는 흰색의 고체이다. 2atm, 500K에서 30.0L의 산소 기체를 얻기 위해서 필요한 염소산 포타슘의 몰수는? (단, 기체상수 R은 0.08L · atm/mol · K)

① 0.33mol
② 0.50mol
③ 0.67mol
④ 1.00mol

8 Xe는 8A족 기체 중 하나로서 매우 안정한 원소이다. 그런데 반응성이 아주 높은 불소와 반응하여 XeF_4라는 분자를 구성한다. 원자가 껍질 전자쌍 반발(VSEPR) 모형에 의하여 예측할 때, XeF_4의 분자 구조로 옳은 것은?

① 사각평면
② 사각뿔
③ 정사면체
④ 팔면체

5 펜테인(C_5H_{12})은 다음과 같이 3개의 구조이성질체를 갖는다.

㉠ C - C - C - C - C → n-pentane : 곧은 사슬(pentane)

㉡ C - C - C - C → methylbutane : 가지 달린 사슬(isopentane)
```
        |
        C
```
㉢ → 2,2-dimethylpropane : 가지 달린 사슬(neopentane)
```
     C
     |
 C - C - C
     |
     C
```

6 에틸렌은 s궤도함수와 p궤도함수 2개가 혼성화해서 sp혼성화 3개를 만들게 된다. 그리고 p궤도함수가 남게 되어 sp^2이다. 탄소 C 1개가 기준이다. sp궤도함수 2개의 수소와 각각 공유결합을 하고 한 개의 sp는 옆에 있는 C의 sp와 시그마 결합을 한다. 그리고 남은 p궤도함수는 옆에 있는 C와 파이 결합을 이룬다.

7 $2KClO_3 \rightarrow 2KCl + 3O_2$

산소기체의 몰수를 구하면

$$PV = nRT \rightarrow n = \frac{PV}{RT} = \frac{2 \times 30.0}{0.08 \times 500} = 1.5\text{mol}$$

$KClO_3 : O_2 = 2 : 3$ (반응비)

1.5mol 산소기체를 얻기 위한 염소산 포타슘의 몰수는 $KClO_3 : O_2 = 2 : 3 = x : 15$

$$x = \frac{1.5 \times 2}{3} = 1\text{mol}$$

8 Xe는 18족(8A족)으로 최외각전자 8개를 가지는 안정한 원소이고, F는 17족(7A족)원소로 최외각전자 7개를 가지는 원소이다. XeF_4는 다음과 같은 구조를 갖는다.

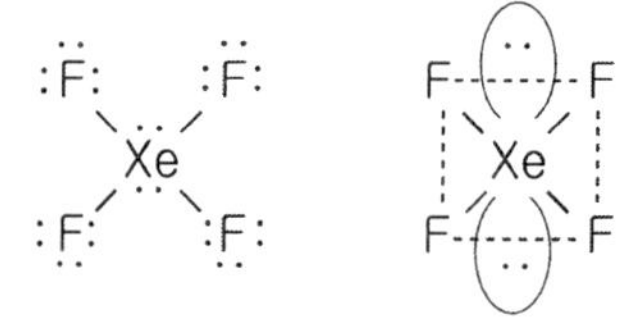

F F
Xe
F F

Xe의 원자가 전자는 8개, 이중 F와의 단일결합 4개에서 각각 1개씩 전자를 공유한다고 하면 4개의 전자가 각각 2개씩 쌍을 이루어 2개의 비공유 전자쌍을 형성하게 된다. 중심원자인 Xe는 4개의 결합선과 2개의 비공유 전자쌍을 가지므로 $SN = 6$이고, $SN = 6$인 분자가 2개의 비공유 전자쌍을 가질 경우 세로축에서 위아래 두 개가 빠져 사각평면을 형성하게 된다.

정답 및 해설 5.③ 6.② 7.④ 8.①

9 원소분석을 통하여 분자량이 146.0g/mol인 미지의 화합물을 분석한 결과 질량 백분율로 탄소 49.3%, 수소 6.9%, 산소 43.8%를 얻었다면 이 화합물의 분자식은 무엇인가? (단, 탄소 원자량 = 12.0g/mol, 수소 원자량 = 1.0g/mol, 산소 원자량 = 16.0g/mol)

① $C_3H_5O_2$

② $C_5H_7O_4$

③ $C_6H_{10}O_4$

④ $C_{10}H_{14}O_8$

10 500℃에서 수소와 염소의 반응에 대한 평형상수 $K_c = 100$이고, 정반응 속도 $K_f = 2.0 \times 10^3 M^{-1}s^{-1}$이며 $\triangle H = 20kJ$의 흡열 반응이라면 다음 설명 중 옳은 것은?

① 역반응의 속도가 정반응의 속도보다 빠르다.

② 역반응의 속도는 $0.05M^{-1}s^{-1}$이다.

③ 온도가 증가할수록 평형상수(K_c)의 값은 감소한다.

④ 온도가 증가할수록 정반응의 속도가 역반응보다 더 크게 증가한다.

11 아래에 나타낸 평형 반응에 대한 평형상수는?

$$CaCl_2(s) + 2H_2O(g) \rightleftarrows CaCl_2 \cdot 2H_2O(s)$$

① $\frac{[CaCl_2 \cdot 2H_2O]}{[CaCl_2][H_2O]^2}$

② $\frac{1}{[H_2O]^2}$

③ $\frac{1}{2[H_2O]}$

④ $\frac{[CaCl_2 \cdot 2H_2O]}{[H_2O]^2}$

9 화합물 1mol에 대해 각 성분의 몰수를 구하면

- 탄소 : $146.0g \times \frac{49.3}{100} \times \frac{1}{12.0g/mol} = 6mol$
- 수소 : $146.0g \times \frac{6.9}{100} \times \frac{1}{1.0g/mol} = 10mol$
- 산소 : $146.0g \times \frac{43.8}{100} \times \frac{1}{16.0g/mol} = 4mol$

∴ $C_6H_{10}O_4$

10 반응식 : $H_2 + Cl_2 \underset{K_r}{\overset{K_f}{\rightleftarrows}} 2HCl$

평형에서 $K_f[H_2][Cl_2] = K_r[HCl]^2$

평형상수 $K_c = \frac{K_f}{K_r} = \frac{[HCl]^2}{[H_2][Cl_2]}$

여기서 역반응의 속도상수 $K_r = \frac{K_f}{K_c} = \frac{2.0 \times 10^3 M^{-1}s^{-1}}{100} = 20M^{-1}s^{-1}$

① 평형에서 역반응의 속도와 정반응의 속도는 같다.
② $K_r = 20M^{-1}s^{-1}$이다.
③ 온도가 증가하면 온도가 감소하는 방향으로 반응이 진행되고(르샤틀리에의 법칙), 흡열반응이기 때문에 온도가 감소하는 방향은 정반응이다. 따라서 K_f가 증가하기 때문에 평형상수 K_c는 증가한다.
④ 평형상수가 1보다 크다는 말은 정반응 속도가 빠르다는 것이며, 흡열반응이므로 온도가 올라가면 평형상수는 커진다. 흡열반응시 농도를 높이면 정반응이 역반응보다 속도가 빠르게 올라간다.

11 반응식이 $aA(g) + bB(g) \rightarrow cC(g) + dD(g)$일 때

평형상수 $= \frac{[C]^c[D]^d}{[A]^a[B]^b}$ (기체인 것만 계산)

∴ 문제에서 구하는 평형상수 $= \frac{1}{[H_2O]^2}$

정답 및 해설 9.③ 10.④ 11.②

12 다음 2개의 반응식을 이용해 최종 반응식의 반응 엔탈피 ($\triangle H_3$)를 구하면?

반응식 1 : $A + B_2 \rightarrow AB_2$ $\triangle H_1 = -152kJ$
반응식 2 : $2AB_3 \rightarrow 2AB_2 + B_2$ $\triangle H_2 = 102kJ$
최종 반응식 : $A + \frac{3}{2}B_2 \rightarrow AB_3$ $\triangle H_3 = ?$

① −254kJ
② −203kJ
③ −178kJ
④ −50kJ

13 다음 화합물 중 끓는점이 가장 높은 것은?

① HI
② HBr
③ HCl
④ HF

14 25℃에서 $[OH^-] = 2.0 \times 10^{-5}M$ 일 때, 이 용액의 pH 값은? (단, log2 = 0.30)

① 1.80
② 4.70
③ 9.30
④ 11.20

15 진한 암모니아수를 묻힌 솜과 진한 염산을 묻힌 솜을 유리관의 양쪽 끝에 넣고 고무마개로 막았더니 잠시 후 진한 염산을 묻힌 솜 가까운 쪽에 흰 연기가 생겼다. 옳은 설명을 모두 고른 것은?

㉠ 흰 연기의 화학식은 NH_4Cl이다.
㉡ NH_3의 확산 속도가 HCl보다 빠르다.
㉢ NH_3 분자가 HCl 분자보다 무겁다.

① ㉠
② ㉡
③ ㉠㉡
④ ㉢

16 토륨-232($^{232}_{90}Th$)는 붕괴 계열에서 전체 6개의 α입자와 4개의 β입자를 방출한다. 생성된 최종 동위원소는 무엇인가?

① $^{208}_{82}Pb$
② $^{209}_{83}Bi$
③ $^{196}_{80}Hg$
④ $^{235}_{92}U$

12 $\Delta H_3 = \Delta H_1 - \frac{1}{2}\Delta H_2 = (-152) - \left(\frac{1}{2} \times 102\right) = -203\text{kJ}$

13 HF는 수소결합을 하기에 끓는점이 가장 높고 할로겐화 수소는 분자가 커질수록 분산력이 커지기 때문에 HI > HBr > HCl의 순으로 끓는점이 높다.
∴ HF > HI > HBr > HCl

14 $[OH^-] = 2.0 \times 10^{-5}M$
$pOH = -\log[OH^-]$
$pOH = -\log(2.0 \times 10^{-5}) = 4.698 \fallingdotseq 4.7$
$pH = 14 - pOH = 14 - 4.7 = 9.3$

15 ㉠ 염산과 암모니아가 반응하면 흰 연기가 나오므로 $HCl + NH_3 = NH_4Cl$
㉡ 기체의 확산속도는 분자량이 클수록 느리고 작을수록 빠르다.
HCl의 분자량은 36.5, NH_3의 분자량은 17이므로 HCl의 확산속도가 더 느리다.
㉢ NH_3 분자가 HCl 분자보다 가볍다.

16 **α 입자 1개 방출** : 양성자 2개, 중성자 2개 방출 → 질량수는 4, 원자번호는 2만큼 감소
β 입자 1개 방출 : 전자 1개가 방출 → 질량수는 그대로, 원자번호는 1만큼 증가
α 입자 6개, β 입자 4개가 방출되면
질량수 $= (-4) \times 6 = -24$ → 24만큼 감소
원자번호 $= (-2) \times 6 + (+1) \times 4 = -8$ → 8만큼 감소
$^{232}_{90}Th \rightarrow ^{208}_{82}Pb$

정답 및 해설 12.② 13.④ 14.③ 15.③ 16.①

17 A에서 B로 변하는 어떠한 과정이 모든 온도에서 비자발적 과정이기 위하여 다음 중 옳은 조건은? (단, $\triangle H$는 엔탈피 변화, $\triangle S$는 엔트로피 변화)

① $\triangle H>0$, $\triangle S<0$
② $\triangle H>0$, $\triangle S>0$
③ $\triangle H<0$, $\triangle S<0$
④ $\triangle H<0$, $\triangle S>0$

18 25℃에서 수산화 알루미늄 $[Al(OH)_3]$의 용해도곱 상수(K_{sp})가 3.0×10^{-34}이라면 pH 10으로 완충된 용액에서 $Al(OH)_3(s)$의 용해도는 얼마인가?

① 3.0×10^{-22}M
② 3.0×10^{-17}M
③ 1.73×10^{-17}M
④ 3.0×10^{-4}M

19 다음 갈바니 전지 반응에 대한 표준자유에너지변화($\triangle G°$)는 얼마인가? (단, $E°(Zn^{2+}) = -0.76V$, $E°(Cu^{2+}) = 0.34V$이고, F = 96,500C/mole⁻, V = J/C)

$$Zn(s) + Cu^{2+}(aq) \rightarrow Cu(s) + Zn^{2+}(aq)$$

① −212.3kJ
② −106.2kJ
③ −81.1kJ
④ −40.5kJ

20 성층권에서 $CFCl_3$와 같은 클로로플루오로탄소는 다음의 반응들에 의해 오존을 파괴한다. 여기에서 Cl과 ClO의 역할을 올바르게 짝지은 것은?

$$CFCl_3 \rightarrow CFCl_2 + Cl$$
$$Cl + O_3 \rightarrow ClO + O_2$$
$$ClO + O \rightarrow Cl + O_2$$

① (Cl, ClO) = (촉매, 촉매)
② (Cl, ClO) = (촉매, 반응 중간체)
③ (Cl, ClO) = (반응 중간체, 촉매)
④ (Cl, ClO) = (반응 중간체, 반응 중간체)

---

17 $\triangle G = \triangle H - T\triangle S$
$\triangle G < 0$: 자발적인 반응
$\triangle G = 0$: 평형상태
$\triangle G > 0$: 비자발적인 반응
비자발적인 반응이려면 $\triangle G > 0$이어야 하므로, $\triangle H > 0$, $\triangle S < 0$이어야 한다.

18 이온화될 때 반응식 : $Al(OH)_3 \rightarrow Al^{3+} + 3OH^-$
$K_{sp} = [Al^{3+}][OH^-]^3 = 3.0 \times 10^{-34}$
한편, $pH = -\log[H^+] = 10$에서 $[H^+] = 10^{-10}$
$[H^+][OH^-] = 10^{-14}$이므로 $[OH^-] = 10^{-4}$
이를 K_{sp}식에 대입하면 $[Al^{3+}] = \dfrac{3.0 \times 10^{-34}}{(10^{-4})^3} = 3.0 \times 10^{-22}$이고, 이는 $Al(OH)_3$의 용해도와 같다.
($Al(OH)_3$의 용해도를 s라고 하면 반응식에서 $[Al^{3+}] = s$, $[OH^-] = 3s$이다.)

19 위 식에서 주고받는 전자의 수는 2이므로
$\triangle G° = -nFE°$
전자의 표준전위 $E°$ = 환원 전극 − 산화 전극 = $0.34 - (-0.76) = 1.1V$
표준자유 에너지 변화 $\triangle G° = -2 \times 96{,}500 \times 1.1 = -212{,}300J = -212.3kJ$

20 Cl은 반응 전후에 원래대로 남아있는 물질이기 때문에 촉매이고, ClO는 반응물에서 생성물에 이르는 과정에서 생성되는 물질이기 때문에 반응중간체이다.

정답 및 해설 17.① 18.① 19.① 20.②

2017 | 6월 17일 | 제1회 지방직 시행

1 다음 중 산화-환원 반응이 아닌 것은?

① $2Al + 6HCl \rightarrow 3H_2 + 2AlCl_3$

② $2H_2O \rightarrow 2H_2 + O_2$

③ $2NaCl + Pb(NO_3)_2 \rightarrow PbCl_2 + 2NaNO_3$

④ $2NaI + Br_2 \rightarrow 2NaBr + I_2$

2 주기율표에서 원소들의 주기적 경향성을 설명한 내용으로 옳지 않은 것은?

① Al의 1차 이온화 에너지가 Na의 1차 이온화 에너지보다 크다.

② F의 전자 친화도가 O의 전자 친화도보다 더 큰 음의 값을 갖는다.

③ K의 원자 반지름이 Na의 원자 반지름보다 작다.

④ Cl의 전기음성도가 Br의 전기음성도보다 크다.

3 온도와 부피가 일정한 상태의 밀폐된 용기에 15.0mol의 O_2와 25.0mol의 He가 들어있다. 이 때, 전체 압력은 8.0atm이었다. O_2 기체의 부분 압력[atm]은? (단, 용기에는 두 기체만 들어 있고, 서로 반응하지 않는 이상 기체라고 가정한다)

① 3.0

② 4.0

③ 5.0

④ 8.0

4 Al과 Br_2로부터 Al_2Br_6가 생성되는 반응에서, 4mol의 Al과 8mol의 Br_2로부터 얻어지는 Al_2Br_6의 최대 몰수는? (단, Al_2Br_6가 유일한 생성물이다)

① 1

② 2

③ 3

④ 4

---

1 ③ $2NaCl(aq) + Pb(NO_3)_2(aq) \rightarrow PbCl_2(s) + 2NaNO_3(aq)$

완전이온 반응식을 구하면

$2Na^+(aq) + 2Cl^-(aq) + Pb^{2+}(aq) + 2NO_3^-(aq) \rightarrow PbCl_2(s) + 2Na^+(aq) + 2NO_3^-(aq)$

구경꾼 이온을 제거하면 $2Cl^-(aq) + Pb^{2+}(aq) \rightarrow PbCl_2(s)$

알짜이온반응식을 구하면 $Pb^{2+}(aq) + 2Cl^- \rightarrow PbCl_2(s)$

산화수의 변화가 없으므로 산화-환원 반응이 아니다.

2 같은 족 원소는 원자번호가 증가할수록 전자껍질수가 증가하므로 원자반지름이 커진다.

K : 1족 원소, 원자번호 19

Na : 1족 원소, 원자번호 11

→ K의 원자 반지름 > Na의 원자 반지름

3 각각의 몰분율에 전체 압력을 곱한 것이 부분 압력이다.

O_2의 몰분율을 구하면 $\frac{15}{15+25} = \frac{3}{8}$

O_2의 부분 압력을 구하면 $\frac{3}{8} \times 8.0 = 3.0\text{atm}$

4

반응식	2Al	+ $3Br_2$	→ Al_2Br_6
초기 몰수	4mol	8mol	
반응 몰수	4mol	6mol	2mol
남은 몰수	0mol	2mol	2mol

얻어지는 Al_2Br_6의 최대 몰수는 2mol이다.

정답 및 해설 1.③ 2.③ 3.① 4.②

5 이온 결합과 공유 결합에 대한 설명으로 옳지 않은 것은?

① 격자 에너지는 이온 화합물이 생성되는 여러 단계의 에너지를 서로 곱하여 계산한다.
② 이온의 공간 배열이 같을 때, 격자 에너지는 이온 반지름이 감소할수록 증가한다.
③ 공유 결합의 세기는 결합 엔탈피로부터 측정할 수 있다.
④ 공유 결합에서 두 원자 간 결합수가 증가함에 따라 두 원자 간 평균 결합 길이는 감소한다.

6 0.100M의 NaOH 수용액 24.4mL를 중화하는 데 H_2SO_4 수용액 20.0mL를 사용하였다. 이 때, 사용한 H_2SO_4 수용액의 몰 농도[M]는?

$$2NaOH(aq) + H_2SO_4(aq) \rightarrow Na_2SO_4(aq) + 2H_2O(l)$$

① 0.0410
② 0.0610
③ 0.122
④ 0.244

7 다음 반응은 500℃에서 평형 상수 K = 48이다.

$$H_2(g) + I_2(g) \rightleftarrows 2HI(g)$$

같은 온도에서 10L 용기에 H_2 0.01mol, I_2 0.03mol, HI 0.02mol로 반응을 시작하였다. 이 때, 반응 지수 Q의 값과 평형을 이루기 위한 반응의 진행 방향으로 옳은 것은?

① Q= 1.3, 왼쪽에서 오른쪽
② Q= 13, 왼쪽에서 오른쪽
③ Q= 1.3, 오른쪽에서 왼쪽
④ Q= 13, 오른쪽에서 왼쪽

8 다음 알코올 중 산화 반응이 일어날 수 없는 것은?

① $H-\overset{\overset{OH}{|}}{\underset{\underset{H}{|}}{C}}-CH_3$

② $H_3C-\overset{\overset{OH}{|}}{\underset{\underset{H}{|}}{C}}-CH_3$

③ $H_3C-\overset{\overset{OH}{|}}{\underset{\underset{H}{|}}{C}}-OH$

④ $H_3C-\overset{\overset{OH}{|}}{\underset{\underset{CH_3}{|}}{C}}-CH_3$

---

5 ① 격자 에너지는 이온 화합물이 생성되는 여러 단계의 에너지를 서로 더해서 계산한다.

6 $NV=N'V'$

$0.1\times24.4=H_2SO_4\times20$

$H_2SO_4=\frac{0.1\times24.4}{20}=0.122$

황산의 산화수가 2이므로 2로 나누어 주어야 한다.

$\frac{0.122}{2}=0.061$

7 $Q=\frac{[HI]^2}{[H_2][I_2]}=\frac{(0.02)^2}{0.01\times0.03}=1.33\fallingdotseq1.3$

$K=48$이므로 $K>Q$(정반응 우세)

∴ 왼쪽에서 오른쪽으로 정반응이 진행된다.

8 3차 알코올은 더 이상 산화 반응이 일어날 수 없다.

① 1차 알코올은 한 번 산화하면 알데하이드, 두 번 산화하면 카복실산이 된다.

② 2차 알코올은 산화하면 케톤이 된다.

정답 및 해설 5.① 6.② 7.① 8.④

9 다음은 어떤 갈바니 전지(또는 볼타 전지)를 표준 전지 표시법으로 나타낸 것이다. 이에 대한 설명으로 옳은 것은?

$$Zn(s) \mid Zn^{2+}(aq) \parallel Cu^{2+}(aq) \mid Cu(s)$$

① 단일 수직선(|)은 염다리를 나타낸다.
② 이중 수직선(‖) 왼쪽이 환원 전극 반쪽 전지이다.
③ 전지에서 Cu^{2+}는 전극에서 Cu로 환원된다.
④ 전자는 외부 회로를 통해 환원 전극에서 산화 전극으로 흐른다.

10 다음은 25℃, 수용액 상태에서 산의 세기를 비교한 것이다. 옳은 것만을 모두 고른 것은?

㉠ $H_2O < H_2S$
㉡ $HI < HCl$
㉢ $CH_3COOH < CCl_3COOH$
㉣ $HBrO < HClO$

① ㉠㉡
② ㉢㉣
③ ㉠㉢㉣
④ ㉡㉢㉣

11 화석 연료는 주로 탄화수소(C_nH_{2n+2})로 이루어지며, 소량의 황, 질소 화합물을 포함하고 있다. 화석 연료를 연소하여 에너지를 얻을 때, 연소 반응의 생성물 중에서 산성비 또는 스모그의 주된 원인이 되는 물질이 아닌 것은?

① CO_2
② SO_2
③ NO
④ NO_2

12 메테인(CH_4)과 에텐(C_2H_4)에 대한 설명으로 옳은 것은?

① ∠H-C-H의 결합각은 메테인이 에텐보다 크다.

② 메테인의 탄소는 sp^2혼성을 한다.

③ 메테인 분자는 극성 분자이다.

④ 에텐은 Br_2와 첨가 반응을 할 수 있다.

9 전지에서 $Cu^{2+} + 2e^- \rightarrow Cu$(환원, 질량 증가)

① 이중 수직선(‖)이 염다리를 나타낸다.

② 이중 수직선(‖) 왼쪽이 산화 전극, 오른쪽이 환원 전극이다.

④ 전자는 산화 전극에서 환원 전극으로 흐른다.

10 ㉠ 수소결합으므로 $H_2O < H_2S$ (H_2O가 더 약산)

㉡ HF ≪ HCl < HBr < HI

㉢ -COOH는 수소결합을 가지는데, 전기음성도가 큰 원자가 있으면 수소원자가 전기음성도가 큰 원자 쪽으로 쏠려 상대적으로 수소이온을 떼어내기 용이해지므로 산의 세기가 증가한다.

㉣ HIO < HBrO < HClO

11 ① 온실효과의 주원인은 CO_2의 증가이다.

② 화석연료가 연소할 때 발생, 1차 오염물질, 산성비, 스모그의 원인물질

③④ 공기 중의 질소와 산소가 자동차 엔진 내부의 고온에서 반응하여 생성, 1차 오염물질, 산성비, 스모그의 원인

12 ① 메테인은 정사면체 구조(109.5도), 에텐은 평면구조(120도)를 갖는다.

② 메테인의 탄소는 단일결합으로 sp^3 혼성구조를 갖는다.

③ 메테인 분자는 무극성 분자이다.

정답 및 해설 9.③ 10.③ 11.① 12.④

13 다음 원자들에 대한 설명으로 옳은 것은?

		원자 번호	양성자 수	전자 수	중성자 수	질량수
①	$^{3}_{1}H$	1	1	2	2	3
②	$^{13}_{6}C$	6	6	6	7	13
③	$^{17}_{8}O$	8	8	8	8	16
④	$^{15}_{7}N$	7	7	8	8	15

14 다음 화학 반응식을 균형 맞춘 화학 반응식으로 만들었을 때, 얻어지는 계수 a, b, c, d의 합은? (단, a, b, c, d는 최소 정수비를 가진다)

$$aC_8H_{18}(l) + bO_2(g) \rightarrow cCO_2(g) + dH_2O(g)$$

① 60
② 61
③ 62
④ 63

15 다음은 중성 원자 A ~ D의 전자 배치를 나타낸 것이다. A ~ D에 대한 설명으로 옳은 것은? (단, A ~ D는 임의의 원소 기호이다)

A : $1s^2 3s^1$
B : $1s^2 2s^2 2p^3$
C : $1s^2 2s^2 2p^6 3s^1$
D : $1s^2 2s^2 2p^6 3s^2 3p^4$

① A는 바닥상태의 전자 배치를 가지고 있다.
② B의 원자가 전자 수는 4개이다.
③ C의 홀전자 수는 D의 홀전자 수보다 많다.
④ C의 가장 안정한 형태의 이온은 C^+이다.

16 0.100M CH_3COOH($K_a = 1.80 \times 10^{-5}$) 수용액 20.0mL에 0.100M NaOH 수용액 10.0mL를 첨가한 후, 용액의 pH를 구하면? (단, $\log 1.80 = 0.255$ 이다)

① 2.875
② 4.745
③ 5.295
④ 7.875

13

	원자번호	양성자수	전자수	중성자수	질량수
${}^{3}_{1}H$	1	1	1	2	3
${}^{13}_{6}C$	6	6	6	7	13
${}^{17}_{8}O$	8	8	8	9	17
${}^{15}_{7}N$	7	7	7	8	15

14 C에 대해 식을 세우면 $8a = c$

H에 대해서 식을 세우면 $18a = 2d \quad \therefore 9a = d$

O에 대해서 식을 세우면 $2b = 2c + d = 16a + 9a = 25a \quad \therefore b = \frac{25}{2}a$

$\therefore C_8H_{18} + \frac{25}{2}O_2 \rightarrow 8CO_2 + 9H_2O$, 간단한 정수비로 고치면 $2C_8H_{18} + 25O_2 \rightarrow 16CO_2 + 18H_2O$

$\therefore a + b + c + d = 2 + 25 + 16 + 18 = 61$

15 ① A는 들뜬 상태의 전자 배치를 가지고 있다.
② B의 원자가 전자 수=5
③ C의 홀전자 수= 1, D의 홀전자 수= 2

16 약산-강염기의 적정에서

$$pH = pK_a + \log\frac{[염기]}{[산]} = -\log K_a + \log\frac{[CH_3COO^-]}{[CH_3COOH]}$$

CH_3COOH 10mL가 NaOH 10mL와 반응하고, 남은 CH_3COOH의 부피도 10mL로 동일하기 때문에 $[CH_3COO^-] = [CH_3COOH]$ 이다.

$$\therefore pH = -pK_a + \log\frac{A^-}{HA} = -\log(1.80 \times 10^{-5}) + \log\frac{1}{1} = 4.745 + 0 = 4.745$$

정답 및 해설 13.② 14.② 15.④ 16.②

17 다음은 오존(O_3)층 파괴의 주범으로 의심되는 프레온-12(CCl_2F_2)와 관련된 화학 반응의 일부이다. 이에 대한 설명으로 옳지 않은 것은?

(가) $CCl_2F_2(g) + h\nu \rightarrow CClF_2(g) + Cl(g)$ (나) $Cl(g) + O_3(g) \rightarrow ClO(g) + O_2(g)$ (다) $O(g) + ClO(g) \rightarrow Cl(g) + O_2(g)$

① (가) 반응을 통해 탄소(C)는 환원되었다.

② (나) 반응에서 생성되는 ClO에는 홀전자가 있다.

③ 오존(O_3) 분자 구조내의 π 결합은 비편재화되어 있다.

④ 오존(O_3) 분자 구조내의 결합각 ∠O-O-O은 180°이다.

18 몰질량이 56g/mol인 금속 M 112g을 산화시켜 실험식이 M_xO_y인 산화물 160g을 얻었을 때, 미지수 x, y를 각각 구하면? (단, O의 몰질량은 16g/mol이다)

① $x=2$, $y=3$

② $x=3$, $y=2$

③ $x=1$, $y=5$

④ $x=1$, $y=2$

19 H_2와 ICl이 기체상에서 반응하여 I_2와 HCl을 만든다.

$$H_2(g) + 2ICl(g) \rightarrow I_2(g) + 2HCl(g)$$

이 반응은 다음과 같이 두 단계 메커니즘으로 일어난다.

단계 1 : $H_2(g) + ICl(g) \rightarrow HI(g) + HCl(g)$ (속도 결정 단계) 단계 2 : $HI(g) + ICl(g) \rightarrow I_2(g) + HCl(g)$ (빠름)

전체 반응에 대한 속도 법칙으로 옳은 것은?

① 속도 = $k[H_2][ICl]^2$

② 속도 = $k[HI][ICl]^2$

③ 속도 = $k[H_2][ICl]$

④ 속도 = $k[HI][ICl]$

20 다음 화합물들에 대한 설명으로 옳은 것은?

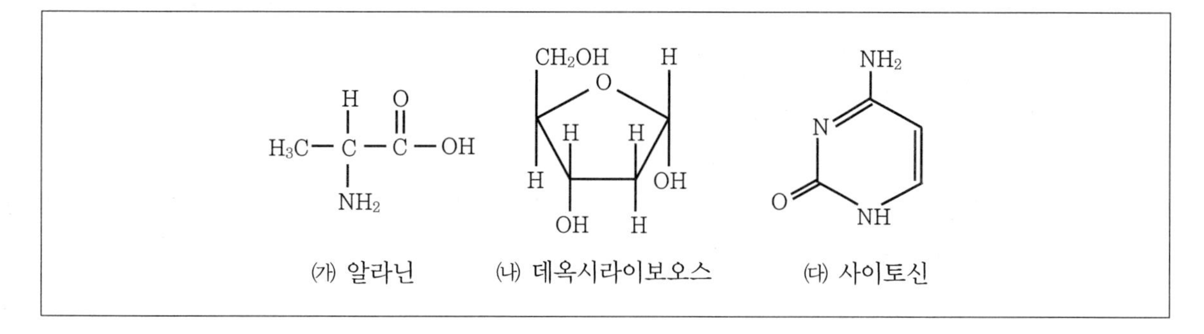

① (가)는 뉴클레오타이드를 구성하는 기본 단위이다.
② (가)는 브뢴스테드-로우리 산과 염기로 모두 작용할 수 있다.
③ (나)는 단백질을 구성하는 기본 단위이다.
④ 데옥시라이보핵산(DNA)에서 (다)는 인산과 직접 연결되어 있다.

---

17 ④ 오존은 산소 분자에 산소 원자 하나가 배위결합을 한 것으로 비공유전자쌍이 존재한다. 두 원자와 중심원자인 산소가 결합하고 있어 120°로 벌어져 있다.

18 M의 몰수$=\frac{112}{56}=2\text{mol}$

산화되면서 더해진 질량$=160-112=48\text{g}$ → 더해진 산소원자의 질량

더해진 산소원자의 몰수$=\frac{48}{16}=3\text{mol}$

$\therefore x=2,\ y=3$

19 전체반응의 속도는 속도결정단계의 반응물 농도에 의해서 결정된다.

$H_2 + ICl \rightarrow HI + HCl$

속도 $= k[H_2][ICl]$

20 ② (가) 알라닌은 H와 COOH기를 모두 가지고 있기 때문에 브뢴스테드-로우리 산과 염기로 모두 작용할 수 있다.
① 뉴클레오타이드 = 염기 + 5탄당 + 인산
③ 데옥시라이보오스는 DNA를 구성하는 기본 물질
④ DNA에서는 아데닌-티민, 사이토신-구아닌이 직접 연결되어 있다.

정답 및 해설 17.④ 18.① 19.③ 20.②

2017 | 6월 24일 | 제2회 서울특별시 시행

1 다음 반응식에서 BC 용액의 농도는 0.200M이고 용액의 부피는 250mL이다. 용액이 100% 반응하는 동안 0.6078g의 A가 반응했다면 A의 물질량은?

$$A(s) + 2BC(aq) \rightarrow A^{2+}(aq) + 2C^{-}(aq) + B_2(g)$$

① 12.156g/mol
② 24.312g/mol
③ 36.468g/mol
④ 48.624g/mol

2 돌턴(Dalton)의 원자론에 대한 설명으로 옳지 않은 것은?

① 각 원소는 원자라고 하는 작은 입자로 이루어져 있다.
② 원자는 양성자, 중성자, 전자로 구성된다.
③ 같은 원소의 원자는 같은 질량을 가진다.
④ 화합물은 서로 다른 원소의 원자들이 결합함으로써 형성된다.

3 96g의 구리가 20℃에서 7.2kJ의 에너지를 흡수할 때, 구리의 최종 온도는? (단, 구리의 비열은 0.385J/g·K이고, 온도에 따른 비열 변화는 무시하며, 최종 온도는 소수점 첫째 자리에서 반올림한다.)

① 195K
② 215K
③ 468K
④ 488K

4 **다음 물질을 끓는점이 높은 순서대로 옳게 나열한 것은?**

NH_3, He, H_2O, HF

① HF > H_2O > NH_3 > He

② HF > NH_3 > H_2O > He

③ H_2O > NH_3 > He > HF

④ H_2O > HF > NH_3 > He

1 BC의 몰수$=0.200\times0.25=0.05$mol

반응한 A의 몰수$=0.05\times\frac{1}{2}=0.025$mol

$\therefore$ A의 몰질량$=\frac{0.6078}{0.025}=24.312$g/mol

2 **돌턴의 원자론** … 모든 물질은 원자라는 더 이상 쪼갤 수 없는 작은 입자들로 구성되어 있다.

3 $Q=cm\Delta T$

$\Delta T=\frac{Q}{c\times m}=\frac{7.2\times10^3}{0.385\times96}=195\text{K}$

$\therefore\ T_2=T_1+195=(20+273)+195=488\text{K}$

4 수소결합은 쌍극자-쌍극자 힘이며, 이 힘이 가장 크면 끓는점이 가장 높다.

H_2O는 수소결합에 참여할 수 있는 전자쌍 2개와 수소 원자 2개가 존재하므로 한 분자당 동시에 2개의 수소결합이 가능하다. HF는 개별결합의 수소결합의 세기는 가장 강하지만 분자 전체적인 수소결합의 세기는 H_2O가 가장 강하다.

정답 및 해설 1.② 2.② 3.④ 4.④

5 다음 구조식의 탄소화합물을 IUPAC 명명법에 따라 올바르게 명명한 것은?

$$\begin{array}{c} \quad CH_3 \qquad\quad CH_2CH_3 \\ \quad | \qquad\qquad\quad | \\ CH_3-CH-CH_2-CH-CH_2-CH_3 \end{array}$$

① 4-에틸-2-메틸헥세인(4-ethyl-2-methylhexane)

② 2-메틸-4-에틸헥세인(2-methyl-4-ethylhexane)

③ 3-에틸-5-메틸헥세인(3-ethyl-5-methylhexane)

② 5-메틸-3-에틸헥세인(5-methyl-3-ethylhexane)

6 0.5mol/L의 KOH 수용액을 만들기 위해 KOH 15.4g을 사용했다면 이때 사용한 물의 양은? (단, KOH의 화학식량은 56g이며 사용된 KOH의 부피는 무시한다.)

① 0.55L

② 0.64L

③ 0.86L

④ 1.10L

7 주기율표에서 원소의 주기성에 대한 설명으로 옳지 않은 것은? (단, 원자번호는 Li=3, C=6, O=8, Na=11, Al=13, K=19, Rb=37이다.)

① Na은 Al보다 원자 반지름이 크다.

② Li은 K보다 원자 반지름이 작다.

③ C는 O보다 일차 이온화에너지가 크다.

④ K은 Rb보다 일차 이온화에너지가 크다.

8 다음 그림과 같이 높이는 같지만 서로 다른 양의 물이 담긴 3개의 원통형 용기가 있다. 3번 용기 반지름은 2번 용기 반지름의 2배이고, 1번 용기 반지름은 2번 용기 반지름의 3배이다. 3개 용기 바닥의 압력에 관한 내용으로 옳은 것은?

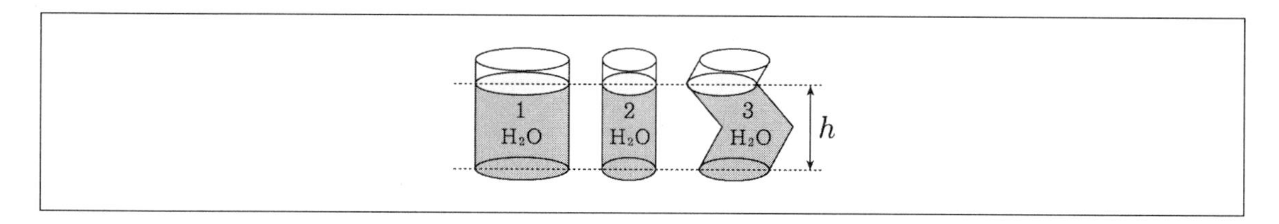

① 1번 용기 바닥 압력이 가장 높다.

② 2번 용기 바닥 압력이 가장 높다.

③ 3번 용기 바닥 압력이 가장 높다.

④ 3개 용기 바닥 압력이 동일하다.

5
- 가장 긴 탄소사슬의 탄소수에 따른 모체명을 붙인다. → 가장 긴 탄소사슬의 탄소가 6개이므로 모체명은 헥세인(hexane)이다.
- 치환기가 두 개 이상일 경우, 처음 나타나는 치환기가 더 낮은 번호가 되도록 각 탄소원자에 번호를 부여한다. 왼쪽에서부터 치환기에 번호를 매기면 2, 4번 탄소, 오른쪽에서부터 매기면 3, 5번 탄소에 치환기가 존재하게 되므로 번호가 낮은 왼쪽부터 번호를 매긴다. → 따라서 2번 탄소에 메틸기가, 4번 탄소에 에틸기가 달려있다.
- 치환기의 알파벳 순서대로 이름을 매긴다. → 에틸기(e)가 메틸기(m)보다 알파벳 순서가 먼저이므로 이름은 '4-에틸-2-메틸헥세인'이다.

```
      CH3      CH2CH3
       |         |
CH3 - CH - CH2 - CH - CH2 - CH3
 1     2    3    4    5     6
```

6

KOH의 몰수$= \frac{15.4g}{56g/mol} = 0.275mol$

물 부피$= \frac{\text{KOH 몰수(mol)}}{\text{KOH 농도(mol/L)}} = \frac{0.275mol}{0.5mol/L} = 0.55L$

7 같은 주기에서 원자번호가 클수록 일차 이온화 에너지가 커진다.

탄소원자 C : 2주기, 원자번호 6 / 산소원자 O : 2주기, 원자번호 8

8 유체의 압력 공식은 $P = \rho gh$이다.
- ρ = 물의 밀도 → 일정
- g = 중력 상수 → 일정
- h = 담긴 물의 높이 → 세 경우 모두 동일

따라서 3개 용기 바닥 압력이 모두 동일하다.

정답 및 해설 5.① 6.① 7.③ 8.④

9 원자로에서 우라늄$\left({}^{235}_{92}\mathrm{U}\right)$은 붕괴를 통해 바륨$\left({}^{141}_{56}\mathrm{Ba}\right)$과 크립톤$\left({}^{92}_{36}\mathrm{Kr}\right)$ 원소가 생성되며, 이 반응을 촉발하기 위해서 중성자 1개가 우라늄에 충돌한다. 반응의 결과물로 생성되는 중성자의 개수는?

① 1개
② 2개
③ 3개
④ 4개

10 다음은 금속나트륨이 염소기체와 반응하여 고체상태의 염화나트륨을 생성하는 반응이다.

$$\mathrm{Na}(s) + \frac{1}{2}\mathrm{Cl_2}(g) \rightarrow \mathrm{NaCl}(s)$$

이 반응의 전체 에너지 변화($\triangle E$)는?

$\mathrm{Na}(s)$의 승화에너지($\mathrm{Na}(s) \rightarrow \mathrm{Na}(g)$) = 110kJ/mol
$\mathrm{Cl_2}(g)$의 결합 해리에너지($\mathrm{Cl_2}(g) \rightarrow 2\mathrm{Cl}(g)$) = 240kJ/mol
$\mathrm{Na}(g)$의 이온화에너지($\mathrm{Na}(g) \rightarrow \mathrm{Na^+}(g)+\mathrm{e^-}$) = 500kJ/mol
$\mathrm{Cl}(g)$의 전자친화도($\mathrm{Cl}(g)+\mathrm{e^-} \rightarrow \mathrm{Cl^-}(g)$) = −350kJ/mol
$\mathrm{NaCl}(s)$의 격자에너지($\mathrm{Na^+}(g)+\mathrm{Cl^-}(g) \rightarrow \mathrm{NaCl}(s)$) = −790kJ/mol

① −410kJ/mol
② −290kJ/mol
③ 290kJ/mol
④ 410kJ/mol

11 $\mathrm{SO_2}$ 분자의 루이스 구조가 다음과 같은 형태로 되어 있을 때, 각 원자의 형식전하를 모두 더한 값은?

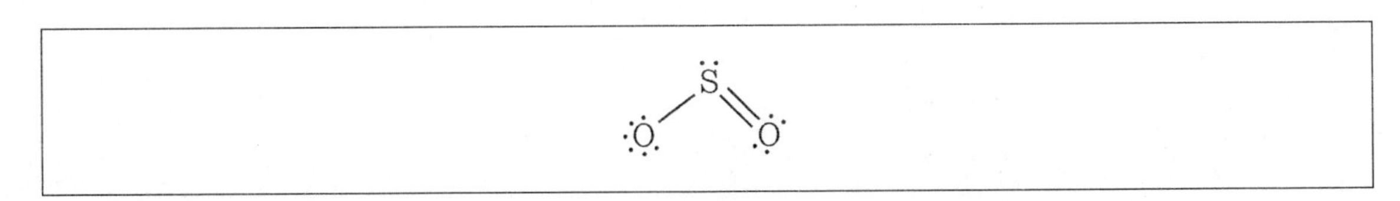

① −2
② −1
③ 0
④ 1

12 이산화질소와 일산화탄소의 반응 메커니즘은 다음의 두 단계를 거친다. 이에 대한 설명으로 옳지 않은 것은? (단, 단계별 반응 속도상수는 $k_1 \ll k_2$의 관계를 가진다.)

> 1단계 : $NO_2(g) + NO_2(g) \xrightarrow{k_1} NO_3(g) + NO(g)$
>
> 2단계 : $NO_3(g) + CO(g) \xrightarrow{k_2} NO_2(g) + CO_2(g)$

① 반응 중간체는 $NO_3(g)$이다.

② 반응속도 결정단계는 1단계 반응이다.

③ 1단계 반응은 일분자 반응이고, 2단계 반응은 이분자 반응이다.

④ 전체반응의 속도식은 $k_1[NO_2]^2$이다.

---

9 중성자 수에 대한 식을 세우면

$(235-92)+1=(141-56)+(92-36)+x$

$\therefore x=3$

※ 중성자 1개가 원소기호 $_{92}$U(우라늄)과 결합되면 불안정한 원자는 안정 상태로 되기 위해 원자 2개 즉 크립톤과 바륨으로 쪼개진다. $_{36}$크립톤(Kr)과 $_{56}$바륨(Ba) + 중성자 3개를 배출하면서 굉장한 에너지를 방출한다. 이 중성자 3개가 다른 우라늄을 분열시키고 각각의 중성자 하나가 또 다른 원자 3개를 분열시켜 짧은 시간에 엄청 많은 우라늄 원자가 분열되면서 폭발적인 에너지를 낸다.

10 $\triangle E = 110+500+\frac{1}{2}\times 240+(-350)+(-790)=-410\text{kJ/mol}$

11 중성분자에서 각 원자의 형식전하의 합은 0이다.

형식전하의 전체 합은 그 분자의 산화수와 같다.

12 일분자 반응은 반응속도가 단일 반응물의 1차 반응으로 표시되는 반응으로 분자의 해리나 이성질화 반응 등이 있다.

이분자 반응은 반응 과정에서 두 분자가 관여하는 가장 일반적인 반응이다.

따라서 1, 2단계 반응 모두 이분자 반응이다.

정답 및 해설 9.③ 10.① 11.③ 12.③

13 옥사이드 이온(O^{2-})과 메탄올(CH_3OH) 사이의 반응은 다음과 같다. 브뢴스테드-로리 이론(Brønsted-Lowry theory)에 따른 산과 염기로 옳은 것은?

$$O^{2-} + CH_3OH \rightleftarrows CH_3O^- + OH^-$$

① 산 : O^{2-}, OH^-, 염기 : CH_3OH, CH_3O^-

② 산 : CH_3OH, OH^-, 염기 : O^{2-}, CH_3O^-

③ 산 : O^{2-}, CH_3O^-, 염기 : CH_3OH, OH^-

④ 산 : CH_3OH, CH_3O^-, 염기 : O^{2-}, OH^-

14 어떤 전이금속 이온의 5개 d 전자궤도함수는 동일한 에너지 준위를 이루고 있다. 이 전이금속 이온이 4개의 동일한 음이온 배위를 받아 정사면체 착화합물을 형성할 때 나타나는 에너지 준위 도표로 옳은 것은?

①
$\underline{d_{xy}}$ $\underline{d_{yz}}$ $\underline{d_{zx}}$
$\underline{d_{x^2-y^2}}$ $\underline{d_{z^2}}$

②
$\underline{d_{z^2}}$ $\underline{d_{yz}}$ $\underline{d_{zx}}$
$\underline{d_{x^2-y^2}}$ $\underline{d_{xy}}$

③
$\underline{d_{x^2-y^2}}$ $\underline{d_{z^2}}$
$\underline{d_{xy}}$ $\underline{d_{yz}}$ $\underline{d_{zx}}$

④
$\underline{d_{x^2-y^2}}$ $\underline{d_{xy}}$
$\underline{d_{z^2}}$ $\underline{d_{yz}}$ $\underline{d_{zx}}$

15 n-형 반도체는 실리콘에 일정량의 불순물 원자를 첨가하는 도핑(doping) 과정을 통해 제조할 수 있다. 다음 중 n-형 반도체를 제조하기 위해 사용되기 어려운 원소는 무엇인가?

① $_{15}P$

② $_{33}As$

③ $_{49}In$

④ $_{51}Sb$

16 일정한 압력에서 일어나는 어느 반응에 대해 온도에 따른 Gibbs 자유에너지 변화($\triangle G$)는 다음과 같다. 이 그림에 대한 설명으로 옳지 않은 것은?

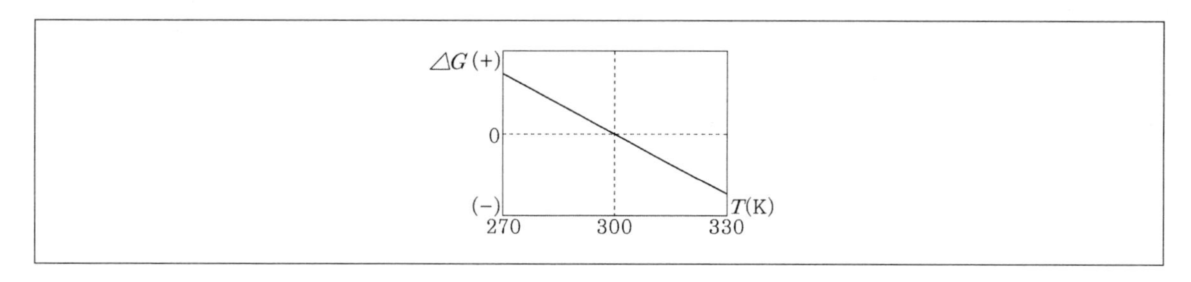

① 엔트로피 변화($\triangle S$)는 양수이다.

② 이 계는 300K에서 평형상태에 있다.

③ 이 반응은 온도가 300K보다 높을 때 자발적으로 일어난다.

④ 이 반응의 엔탈피 변화($\triangle H$)는 음수이다.

---

13 브뢴스테드-로리 이론 … 산은 H^+를 내놓는 물질, 염기는 H^+를 받는 물질
H^+가 붙어 있으면 산, H^+가 떨어졌으면 짝염기이다.

14 결정장 이론(Crystal field theory) … 금속 리간드 결합 이온의 기술에 기반한 이론으로 전자의 구조, 시각적 형상화, 배위 화합물의 자기적 성질에 대한 간단하고 실용적인 모델을 제공한다.

사면체 : d_{xy} d_{yz} d_{zx}

$d_{x^2-y^2}$ d_{z^2}

팔면체 : $d_{x^2-y^2}$ d_{z^2}

d_{xy} d_{yz} d_{zx}

15 반도체는 4개의 최외각 전자가 결합을 이루어 만들어지므로 15족은 최외각 전자가 5개이므로 전자 1개가 남아 negative이므로 n-형 반도체이고, 13족은 최외각 전자가 1군데 비어 positive이므로 p-형 반도체이다.

16 열역학에서 상태함수에 대한 관계식은 다음과 같다.

$dU = -PdV + TdS,\ dH = VdP + TdS$

$dA = -PdV - SdT,\ dG = VdP - SdT$

일정한 압력 : $dP = 0$

$\therefore\ dG = 0 - SdT$

그래프에서 기울기$= \dfrac{dG_2 - dG_1}{dT} = \dfrac{-S_2 dT + S_1 dT}{dT} = -(S_2 - S_1) = -\triangle S < 0$이므로 $\triangle S > 0$

$\therefore\ dH = VdP + TdS = 0 + TdS > 0$ 이므로 $\triangle H > 0$

정답 및 해설 13.② 14.① 15.③ 16.④

17 25℃의 물에서 Cd(OH)$_2$(s)의 용해도를 S라고 할 때, Cd(OH)$_2$(s)의 용해도곱 상수(solubility product constant, K_{sp})로 옳은 것은?

① $2S^2$

② S^3

③ $2S^3$

④ $4S^3$

18 양성자 교환막 연료 전지는 수소기체와 산소기체가 만나 물을 얻는 반응을 이용하여 전기를 생산한다. 이때 산화 전극에서 일어나는 반쪽 반응은 다음과 같다.

$$2H_2(g) \rightarrow 4H^+(aq) + 4e^-$$

다음 중 환원전극에서 일어나는 반쪽 반응으로 옳은 것은?

① $O_2(g) + 4H^+(aq) + 4e^- \rightarrow 2H_2O(l)$

② $O_2(g) + 2H_2(g) \rightarrow 2H_2O(l)$

③ $H^+(aq) + OH^-(aq) \rightarrow H_2O(l)$

④ $2H_2O(l) \rightarrow 4H^+(aq) + 4e^- + O_2(g)$

19 일산화탄소, 수소 및 메탄올의 혼합물이 평형상태에 있을 경우, 화학 반응식은 다음과 같다.

$$CO(g) + 2H_2(g) \rightleftarrows CH_3OH(g)$$

이때 혼합물의 조성이 CO 56g, H_2 5g, CH_3OH 64g이라고 할 때 평형상수(K_c)의 값은? (단, 분자량은 CO = 28g, H_2 = 2g, CH_3OH = 32g이다.)

① 0.046

② 0.16

③ 0.23

④ 0.40

20 6×10^{-3}M H_3O^+이온을 함유한 아세트산 수용액의 pH는? (단, log2 = 0.301, log3 = 0.477이며, 소수점 셋째 자리에서 반올림한다.)

① 2.22

② 2.33

③ 4.67

④ 4.78

17 $Cd(OH)_2 \rightarrow Cd^{2+} + 2OH^-$

$K_{sp} = [Cd^{2+}][OH^-]^2 = S\times(2S)^2 = 4S^3$

18 환원전극에서는 산소가 환원되어야 하므로, 산소가 반응물질이면서 전자가 반응물질인 것을 찾으면 된다.

환원전극 : $O_2(g) + 4H^+ + 4e^- \rightarrow 2H_2O(l)$

19 $K_c = \frac{[CH_3OH]}{[CO][H_2]^2} = \frac{64/32}{(56/28)(5/2)^2} = 0.16$

20 $pH = -\log[H^+] = -\log(6\times10^{-3}) = 3 - \log6 = 3 - (\log2 + \log3) \fallingdotseq 2.22$

정답 및 해설 17.④ 18.① 19.② 20.①

2018 | 5월 19일 | 제1회 지방직 시행

1 산소와 헬륨으로 이루어진 가스통을 가진 잠수부가 바다 속 60m에서 잠수중이다. 이 깊이에서 가스통에 들어 있는 산소의 부분 압력이 1,140mmHg일 때, 헬륨의 부분 압력[atm]은? (단, 이 깊이에서 가스통의 내부 압력은 7.0atm이다)

① 5.0
② 5.5
③ 6.0
④ 6.5

2 다음 각 원소들이 아래와 같은 원자 구성을 가지고 있을 때, 동위원소는?

$^{410}_{186}A$	$^{410}_{183}X$	$^{412}_{186}Y$	$^{412}_{185}Z$

① A, Y
② A, Z
③ X, Y
④ X, Z

3 다음 평형 반응식의 평형 상수 K값의 크기를 순서대로 바르게 나열한 것은?

㉠ $H_3PO_4(aq) + H_2O(l) \rightleftarrows H_3PO_4^{-}(aq) + H_2O^{+}(aq)$
㉡ $H_2PO_4^{-}(aq) + H_2O(l) \rightleftarrows HPO_4^{2-}(aq) + H_3O^{+}(aq)$
㉢ $HPO_4^{2-}(aq) + H_2O(l) \rightleftarrows PO_4^{3-}(aq) + H_3O^{+}(aq)$

① ㉠ > ㉡ > ㉢
② ㉠ = ㉡ = ㉢
③ ㉡ > ㉢ > ㉠
④ ㉢ > ㉡ > ㉠

1 산소와 헬륨으로 이루어진 가스통의 산소의 부분 압력이 1,140mmHg
가스통의 내부 압력은 7.0atm
헬륨의 부분 압력은 산소의 부분 압력의 합과 더해서 7atm이 되면 된다.
산소의 부분압력 1,140mmHg를 atm으로 단위 변환을 하면
1기압이 760mmHg이므로 $\frac{1,140}{760} = 1.5\text{atm}$
$7 - 1.5 = 5.5\text{atm}$

2 원자 번호(atomic number, Z)는 같지만, 질량수(mass number, A)가 다른 원자를 의미하는 동위원소는 같은 수의 양성자(proton)를 갖지만, 중성자(neutron)의 수가 다른 원소로도 해석이 가능하다.
A와 Y는 186으로 양성자 수가 같으나 중성자 수가 다르므로 동위원소이다.

3 단계별로 이온화되는 다양성자성 산의 평형상수 값의 크기는 $Ka_1 > Ka_2 > Ka_3$
H_3PO_4의 평형상수
1단계 이온화 : $H_3PO_4(aq) \rightleftarrows H^+(aq) + H_2PO_4^-(aq) \rightarrow Ka_1 = 7.5 \times 10^{-3}$
2단계 이온화 : $H_2PO_4^-(aq) \rightleftarrows H^+(aq) + HPO_4^{2-}(aq) \rightarrow Ka_2 = 6.2 \times 10^{-8}$
3단계 이온화 : $HPO_4^{2-}(aq) \rightleftarrows H^+(aq) + PO_4^{3-}(aq) \rightarrow Ka_3 = 4.6 \times 10^{-13}$
무조건 $Ka_1 > Ka_2 > Ka_3$가 되는 이유는 1단계 이온화는 중성분자인 H_3PO_4에서 양전하를 가진 H^+ 이온이 떨어져 나가는 것이고, 2단계 이온화는 −1가의 음전하를 가진 $H_2PO_4^-$에서 양전하를 가진 H^+ 이온이 떨어져 나는 것이다. 3단계 이온화는 −2가의 음전하를 가진 HPO_4^{2-}에서 양전하를 가진 H^+ 이온이 떨어져 나가는 것이다.
즉, 1단계 이온화는 중성 분자에서 양이온을 하나 떼어내는 것이며, 2단계 이온화는 −1가 음이온에서 양이온을 하나 떼어내는 것이고 3단계 이온화는 −2가 음이온에서 양이온을 하나 떼어내는 것이다. 1단계 이온화는 중성분자와 양이온 사이에는 정전기력 인력이 없다는 것이고, 2단계 이온화는 1가 음이온과 1가 양이온 사이에는 정전기적 인력이 작용하고 이 때문에 2단계가 1단계보다 덜 이온화 되는 것이다. 3단계 이온화는 2가 음이온과 1가 양이온 사이에는 더 강한 정전기적 인력이 작용하므로 3단계가 2단계보다 덜 이온화된다.
그러므로 모체와 H^+ 사이의 정전기적 인력의 크기가 다르기 때문에 단계별로 이온화되는 다양성자성 산의 평형상수 값의 크기는 항상 ㉠ > ㉡ > ㉢이 된다.

정답 및 해설 1.② 2.① 3.①

4 방사성 실내 오염 물질은?

① 라돈(Rn)

② 이산화질소(NO_2)

③ 일산화탄소(CO)

④ 폼알데하이드(CH_2O)

5 볼타 전지에서 두 반쪽 반응이 다음과 같을 때, 이에 대한 설명으로 옳지 않은 것은?

$Ag^+(aq) + e^- \rightarrow Ag(s)$	$E° = 0.799$ V
$Cu^{2+}(aq) + 2e^- \rightarrow Cu(s)$	$E° = 0.337$ V

① Ag는 환원 전극이고 Cu는 산화 전극이다.

② 알짜 반응은 자발적으로 일어난다.

③ 셀 전압($E°_{cell}$)은 1.261 V이다.

④ 두 반응의 알짜 반응식은 $2Ag^+(aq) + Cu(s) \rightarrow 2Ag(s) + Cu^{2+}(aq)$이다.

6 끓는점이 가장 낮은 분자는?

① 물(H_2O)

② 일염화아이오딘(ICl)

③ 삼플루오린화붕소(BF_3)

④ 암모니아(NH_3)

7 산화수 변화가 가장 큰 원소는?

$$PbS(s) + 4H_2O_2(aq) \rightarrow PbSO_4(s) + 4H_2O(l)$$

① Pb ② S

③ H ④ O

4 미세먼지, 이산화탄소, 폼알데하이드, 총부유세균, 일산화탄소, 이산화질소, 라돈, 휘발성유기화합물(VOCs), 석면, 오존 등은 실내공기를 위협하는 대표적인 오염물질이다.
토양이나 암석 등에서 자연적으로 발생해 우리의 주변 어디에서나 존재할 수 있는 무색, 무취, 무미의 자연 방사성 물질인 라돈은 밀폐된 공간에서 농도가 높아지기 때문에 수시로 환기하는 것이 좋다.

5 표준 전지 전위=환원 전극−산화 전극 → 전지 반응이 자발적

$E°_{cell} = [E° 2Ag^+ + 2e^- \rightarrow 2Ag] - [E° Cu^{2+} + e^- \rightarrow Cu]$

$= 0.799 - 0.337 = 0.462V$

① Ag는 환원되고, Cu는 산화된다.
② 셀 전압이 양수이면 자발적 반응이다.
④ 두 반응의 알짜 반응식 $2Ag^+ + Cu \rightarrow 2Ag + Cu^{2+}$

6 NH_3도 수소 결합을 하지만 한 분자가 할 수 있는 최대 수소 결합의 개수가 H_2O가 더 높기 때문에 H_2O가 가장 끓는점이 높다.
ICl은 극성 분자이므로 쌍극자 간 힘이 작용하며, BF_3는 무극성 분자이므로 분산력이 작용한다.
분자량이 클수록 분산력이 크며, 분산력이 크면 끓는점도 높다. 그러므로 분자량이 가장 낮은 BF_3가 끓는점이 가장 낮다.

7 $PbS(s) + 4H_2O_2(aq) \rightarrow PbSO_4(s) + 4H_2O(l)$
우선 반응 전을 살펴보면 $PbS(s) + 4H_2O_2(aq)$에서 Pb는 +2가, H는 +1가, S는 −2가, O는 −2가
반응 후를 살펴보면 $PbSO_4$에서 Pb는 +2가, S는 +6가, O는 −2가
$4H_2O$에서 H는 +1가, O는 −2가
가장 많이 변한 것은 S가 된다.

정답 및 해설 4.① 5.③ 6.③ 7.②

8 다음 중 분자 간 힘에 대한 설명으로 옳은 것만을 모두 고르면?

> ㉠ NH_3의 끓는점이 PH_3의 끓는점보다 높은 이유는 분산력으로 설명할 수 있다.
> ㉡ H_2S의 끓는점이 H_2의 끓는점보다 높은 이유는 쌍극자 - 쌍극자 힘으로 설명할 수 있다.
> ㉢ HF의 끓는점이 HCl의 끓는점보다 높은 이유는 수소 결합으로 설명할 수 있다.

① ㉠ ② ㉡
③ ㉠㉢ ④ ㉡㉢

9 원자들의 바닥 상태 전자 배치로 옳지 않은 것은?

① Co : $[Ar]4s^1 3d^8$
② Cr : $[Ar]4s^1 3d^5$
③ Cu : $[Ar]4s^1 3d^{10}$
④ Zn : $[Ar]4s^2 3d^{10}$

10 체심 입방(bcc) 구조인 타이타늄(Ti)의 단위세포에 있는 원자의 알짜 개수는?

① 1 ② 2
③ 4 ④ 6

11 0.50M NaOH 수용액 500mL를 만드는 데 필요한 2.0M NaOH 수용액의 부피[mL]는?

① 125

② 200

③ 250

④ 500

8 ㉠ NH_3는 수소 결합을 하기 때문에 PH_3보다 끓는점이 높다.
㉡ H_2S는 극성분자, H_2는 무극성분자, H_2S는 쌍극자-쌍극자 힘이 작용하고 H_2는 쌍극자-쌍극자 힘이 작용하지 않는다.
㉢ HF는 수소 결합을 하므로 HCl보다 끓는점이 높다는 것은 수소 결합으로 설명할 수 있다.

9 ① Co : $[Ar]4s^2 3d^7$
② Cr : $[Ar]4s^1 3d^5$
③ Cu : $[Ar]4s^1 3d^{10}$
④ Zn : $[Ar]4s^2 3d^{10}$

10 체심 입방 구조는 꼭짓점과 중심에 입자가 한 개씩 위치하고 있다. 체심 입방 구조를 단위세포에 맞게 자르게 되면 꼭짓점은 단순 입방 구조와 같이 1/8개로 잘리게 되지만 중심의 입자는 온전히 남게 된다. 그러므로 단위세포 내 입자개수는 $\left(\frac{1}{8}\right)\times 8+1=2$개가 된다. 즉, 단위세포의 꼭짓점은 총 8개, 꼭짓점 한 개당 원자는 1/8씩 자리하므로 꼭짓점에서 원자는 총 1개, 정중앙에 원자 1개 그러므로 단위세포에 있는 원자의 알짜개수는 총 2개가 된다.

※ 체심 입방 구조

㉠ 단위세포 내의 입자 개수 : 2개
㉡ 배위수 : 8
㉢ 체웅률 : 68%
㉣ a와 r의 관계 : $\sqrt{3}a=4r$
㉤ 실제에서의 예시 : 리튬, 나트륨, 칼륨 등

11 $MV=M'V'$이므로
$0.50\times 500=2\times V'$
$V'=\frac{0.5\times 500}{2}=125\text{ml}$

정답 및 해설 8.④ 9.① 10.② 11.①

12 분자 수가 가장 많은 것은? (단, C, H, O의 원자량은 각각 12.0, 1.00, 16.00이다)

① 0.5mol 이산화탄소 분자 수

② 84g 일산화탄소 분자 수

③ 아보가드로 수만큼의 일산화탄소 분자 수

④ 산소 1.0 mol과 일산화탄소 2.0 mol이 정량적으로 반응한 후 생성된 이산화탄소 분자 수

13 다음에서 실험식이 같은 쌍만을 모두 고르면?

㉠ 아세틸렌(C_2H_2), 벤젠(C_6H_6)
㉡ 에틸렌(C_2H_4), 에테인(C_2H_6)
㉢ 아세트산($C_2H_4O_2$), 글루코스($C_6H_{12}O_6$)
㉣ 에탄올(C_2H_6O), 아세트알데하이드(C_2H_4O)

① ㉠㉢ ② ㉠㉣

③ ㉡㉢ ④ ㉢㉣

14 0.30M Na_3PO_4 10mL와 0.20M $Pb(NO_3)_2$ 20mL를 반응시켜 $Pb_3(PO_4)_2$를 만드는 반응이 종결되었을 때, 한계 시약은?

$$2Na_3PO_4(aq) + 3Pb(NO_3)_2(aq) \rightarrow 6NaNO_3(aq) + Pb_3(PO_4)_2(s)$$

① Na_3PO_4

② $NaNO_3$

③ $Pb(NO_3)_2$

④ $Pb_3(PO_4)_2$

15 분자식이 C_5H_{12}인 화합물에서 가능한 이성질체의 총 개수는?

① 1　　② 2
③ 3　　④ 4

12 ① 0.5몰

② $\dfrac{84}{12+16}=3$몰

③ 아보가드로수는 1몰

④ 1몰의 일산화탄소 + 0.5몰의 산소 →1몰의 이산화탄소
　일산화탄소 2몰이 반응했으므로 이산화탄소도 2몰이 생성된다.

13 ㉠ 아세틸렌(C_2H_2) → CH, 벤젠(C_6H_6) → CH
㉡ 에틸렌(C_2H_4) → CH_2, 에테인(C_2H_6) → CH_3
㉢ 아세트산($C_2H_4O_2$) → CH_2O, 글루코스($C_6H_{12}O_6$) → CH_2O
㉣ 에탄올(C_2H_6O) → C_2H_6O, 아세트알데하이드(C_2H_4O) → C_2H_4O

14 $2Na_3PO_4 + 3Pb(NO_3)_2 \rightarrow Pb_3(PO_4)_2 + 6NaNO_3$
Na_3PO_4의 몰수$=0.30\times10=3.0$몰
$Pb(NO_3)_2$의 몰수$=0.20\times20=4.0$몰
3.0몰의 Na_3PO_4와 화학량론적으로 반응하는 $Pb(NO_3)_2$의 몰수를 계산하면,
$Na_3PO_4 : Pb(NO_3)_2 = 2 : 3 = 3.0 : x$
$x=\dfrac{3.0\times3}{2}=4.5$몰 $Pb(NO_3)_2$
한계 시약은 $Pb(NO_3)_2$
※ 한계 반응물(한계 시약) … 화학 반응에서 다른 반응물들보다 먼저 완전히 소비되는 반응물을 말한다. 생성물의 양을 결정한다.

15 C_6H_{12}의 이성질체

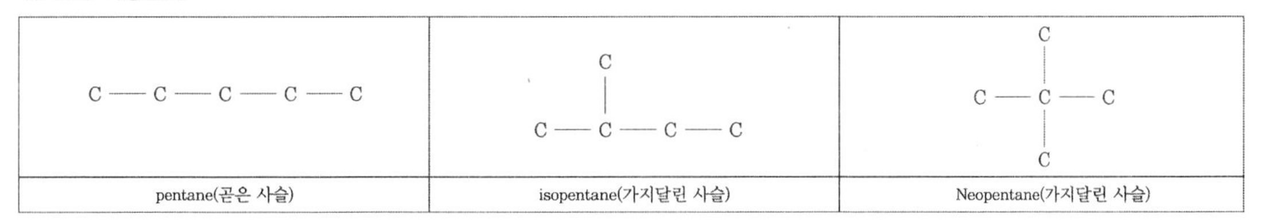

정답 및 해설 12.② 13.① 14.③ 15.③

16 다음 중 산화-환원 반응은?

① $Na_2SO_4(aq) + Pb(NO_3)_2(aq) \rightarrow PbSO_4(s) + 2NaNO_3(aq)$

② $3KOH(aq) + Fe(NO_3)_3(aq) \rightarrow Fe(OH)_3(s) + 3KNO_3(aq)$

③ $AgNO_3(aq) + NaCl(aq) \rightarrow AgCl(s) + NaO_3(aq)$

④ $2CuCl(aq) \rightarrow CuCl_2(aq) + Cu(s)$

17 분자 내 원자들 간의 결합 차수가 가장 높은 것을 포함하는 화합물은?

① CO_2

② N_2

③ H_2O

④ C_2H_4

18 물과 반응하였을 때, 산성이 아닌 것은?

① 에테인(C_2H_6)

② 이산화황(SO_2)

③ 일산화질소(NO)

④ 이산화탄소(CO_2)

19 물리량들의 크기에 대한 설명으로 옳은 것은?

① 산소(O_2) 내 산소 원자 간의 결합 거리 > 오존(O_3) 내 산소 원자 간의 평균 결합 거리

② 산소(O_2) 내 산소 원자 간의 결합 거리 > 산소 양이온(O_2^+) 내 산소 원자 간의 결합 거리

③ 산소(O_2) 내 산소 원자 간의 결합 거리 > 산소 음이온(O_2^-) 내 산소 원자 간의 결합 거리

④ 산소(O_2)의 첫 번째 이온화 에너지 > 산소 원자(O)의 첫 번째 이온화 에너지

20 용액에 대한 설명으로 옳은 것은?

① 순수한 물의 어는점보다 소금물의 어는점이 더 높다.
② 용액의 증기압은 순수한 용매의 증기압보다 높다.
③ 순수한 물의 끓는점보다 설탕물의 끓는점이 더 낮다.
④ 역삼투 현상을 이용하여 바닷물을 담수화할 수 있다.

---

16 $2CuCl(aq) \rightarrow CuCl_2(aq) + Cu(s)$
$CuCl \rightarrow CuCl_2$: 구리의 산화수가 +1에서 +2로 증가하였으므로 산화
$CuCl \rightarrow Cu$: 구리의 산화수가 +1에서 0으로 감소하였으므로 환원
이러한 반응을 불균등화 반응이라 하며 이 반응에서 CuCl은 산화제이자 환원제이다.

17 $결합차수 = \frac{결합\ 전자\ 수 - 반결합\ 전자\ 수}{2}$
① 2차 결합
② N_2의 결합차수$= \frac{1}{2} \times (6-0) = 3$ → 3차 결합
③ 1차 결합
④ 2차 결합

18 H^+ 이온을 생성하는 물질들이 수용액 상태에서 산성을 나타낸다.
O는 높은 전기음성도를 지니고 있으므로 물에 녹게 되면 전자를 강하게 끌어당기게 된다.
산소의 음이온이나 수산화이온과 결합하고 H^+ 이온을 남기게 된다.
① $C_2H_6 + H_2O \rightarrow C_2H_5OH$ → 에탄올
② $SO_2 + H_2O \rightarrow SO_3^{2-} + 2H^+$ → 황산
③ $NO + 2H_2O \rightarrow NO_3^- + 4H^+$ → 질산
④ $CO_2 + H_2O \rightarrow CO_3^{2-} + 2H^+$ → 탄산

19 결합차수가 클수록 원자 간의 결합 거리가 짧다.
① 산소는 2중결합, 오존은 공명구조이므로 결합차수는 산소가 더 크므로 결합 거리는 오존이 더 길다.
② 산소 양이온은 2.5중 결합이므로 산소 내 산소 원자 간의 결합 거리가 더 길다.
③ 산소 음이온은 1.5중 결합이므로 산소 음이온 내 산소 원자 간의 결합 거리가 산소보다 더 길다.
④ 산소 분자는 분자궤도함수 이론에 의해 에너지 준위가 산소 원자보다 높으므로 산소 분자의 경우 전자 하나를 떼어내는 데 필요한 이온화 에너지가 산소 원자보다 더 작다.

20 용액의 **총괄성**(colligative properties) … 증기압 내림, 끓는점 오름, 어는점 내림, 삼투압
㉠ **증기압 내림** : 순수한 용매와 비교하였을 때 용액의 증기압이 더 낮다.
㉡ **끓는점 오름** : 순수한 용매의 끓는점보다 용액의 끓는점이 더 높다.
㉢ **어는점 내림** : 순수한 용매의 어는점보다 용액의 어는점이 더 낮다.
㉣ **삼투압** : 순수한 용매와 비교하였을 때 용액에서 삼투가 일어난다. 즉, 용매와 용액이 반투막에 의해 분리되어 있을 때 용매 분자들이 반투막을 통과하여 이동한다.

정답 및 해설 16.④ 17.② 18.① 19.② 20.④

2018 6월 23일 | 제2회 서울특별시 시행

1 $^{90}_{38}\mathrm{Sr}$ **(스트론튬)의 양성자(p) 및 중성자(n)의 수가 바르게 짝지어진 것은?**

	양성자(p)	중성자(n)
①	38	52
②	38	90
③	52	38
④	90	38

2 〈보기〉의 괄호에 들어갈 4A족 원소에 해당하는 것으로 가장 옳은 것은?

〈보기〉

(　　)(은)는 연한 은빛 금속으로 압연하여 박막으로 만들 수 있으며 수 세기 동안 청동, 땜납, 백랍과 같은 합금에 사용 되어 왔다. 현재 강철의 보호 피막에 사용된다.

① 탄소
② 규소
③ 저마늄
④ 주석

3 이원자 분자 중 p오비탈$-s$오비탈 혼합을 고려해서 분자 오비탈의 에너지 순서를 정하고 전자를 채웠을 때, 분자와 자기성을 나타낸 것으로 가장 옳지 않은 것은?

① B_2, 상자기성
② C_2, 반자기성
③ O_2, 상자기성
④ F_2, 상자기성

1 $^{90}_{38}Sr$ 을 보면 90은 질량수(양성자 수 + 중성자 수), 38은 원자번호(양성자 수)를 의미한다.
중성자 수는 질량수에서 양성자 수를 차감하면 되므로 $90 - 38 = 52$
양상자 수는 38, 중성자 수는 52가 된다.

2 주석은 원자번호 50번의 원소로, 원소기호는 Sn, 주기율표에서 C(탄소), Si(규소), Ge(저마늄), Pb(납)과 함께 14족(4A족)에 속하는 탄소족 원소의 하나이다. 은백색의 결정성 금속으로 전선과 연성이 좋으며 녹는점은 231.93℃로 비교적 낮다. 대부분의 화합물에서는 +2나 +4의 산화 상태를 갖으며, 공기 중에서 쉽게 산화되지 않으며 물과도 반응하지 않는다. 고온에서는 산소와 반응하여 SnO_2가 되며, 수증기와도 반응하여 SnO_2가 되고 H_2 기체를 내어 놓는다. 묽은 염산이나 황산과는 거의 반응하지 않으나 묽은 질산, 뜨거운 진한 염산이나 황산에는 녹아 +2 상태의 주석염이 된다.

3

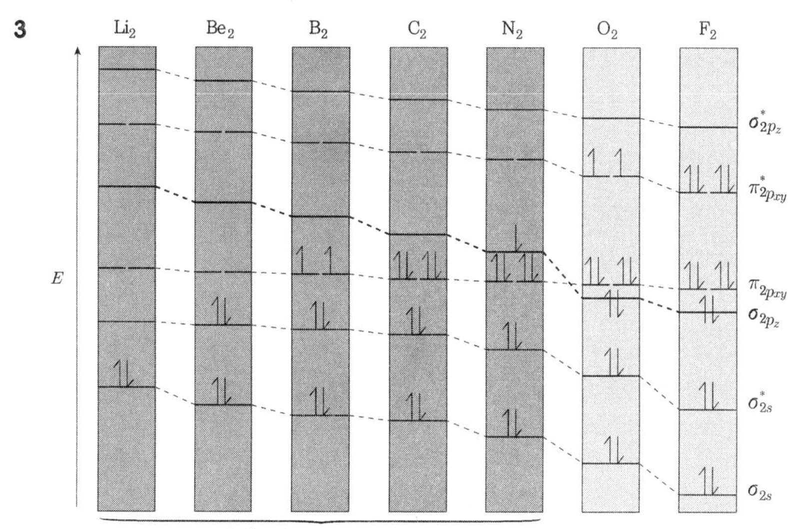

이원자 분자 오비탈을 통해 동핵 이원자 분자 중 O_2, $F_2(Ne_2)$의 경우 시그마 2s < 시그마 2s* < 시그마 2p < 파이 2p(2개) < 파이 2p*(2개) < 시그마 2p* 순이다.
이 외에 Li, Be, B, C, N의 동핵 이원자 분자와 서로 다른 원자 2개로 이루어진 분자의 경우 시그마 2s < 시그마 2s* < 파이 2p(2개) < 시그마 2p < 파이 2p*(2개) < 시그마 2p* 순서이다.
2주기 원소로 이루어진 중성의 동핵 이원자 중 상자기성은 B_2와 O_2이고 나머지 모두 반자기성이다.

정답 및 해설 1.① 2.④ 3.④

4 오존이 분해되어 산소가 되는 반응이 〈보기〉의 두 단계를 거쳐 이루어질 때, 반응 메카니즘과 일치하는 반응 속도식은? (단, 첫 단계에서는 빠른 평형을 이루고, 두 번째 단계는 매우 느리게 진행한다.)

〈보기〉

$$O_3(g) \rightleftarrows O_2(g) + O$$
$$O + O_3(g) \rightarrow 2O_2(g)$$

① $k[O_3]$

② $k[O_3]^2$

③ $k[O_3]^2[O_2]$

④ $k[O_3]^2[O_2]^{-1}$

5 백열전구가 켜지는 전기 회로의 전극을 H_2SO_4 용액에 넣었더니 백열전구가 밝게 불이 들어왔다. 이 용액에 묽은 염 용액을 첨가했더니 백열전구가 어두워졌다. 어느 염을 용액에 넣은 것인가?

① $Ba(NO_3)_2$

② K_2SO_4

③ $NaNO_3$

④ NH_4NO_3

6 전자배치 중에서 훈트 규칙(Hund's rule)을 위반한 것은?

① [Ar] ↑↓ ($4s$) ↑ ↑ ↑ ↑ ↑ ($3d$)

② [Ar] ↑ ($4s$) ↑↓ ↑↓ ↑↓ ↑↓ ↑↓ ($3d$)

③ [Ar] ↑ ($4s$) ↑ ↑ ↑ ↑ ↑ ($3d$)

④ [Ar] ↑↓ ($4s$) ↑↓ ↑ ↑ _ _ ($3d$)

7 암모니아를 생산하는 하버 프로세스가 〈보기〉와 같을 때, 암모니아 생성을 방해하는 것으로 가장 옳은 것은?

〈보기〉

$N_2(g)+3H_2(g) \rightleftarrows 2NH_3(g)$ $\Delta H^\circ=-92.2$kj

① 고온 ② 고압
③ 수소 추가 ④ 생성된 암모니아 제거

---

4 반응속도식 $v=k[A]^m[B]^n$

$O_3(g) \rightleftarrows O_2(g)+O$ 빠른 평형

$O+O_3(g) \rightarrow 2O_2(g)$ 느린 진행

두 반응을 더해주면 전체 반응은 $2O_3 \rightarrow 3O_2$가 된다.

그러므로 느린 반응이 속도를 결정하기에 반응속도식은 $v=k[O_3][O]$가 된다.

그러나 [O]는 전체반응에는 나타나지 않는 반응 중간에 나타났다가 사라지는 중간체이기에 반응속도식에 넣으면 안 된다.

첫 번째 반응식이 평형반응이므로 정반응 속도 $v_1=k_1[O_3]$=역반응 속도 $v_2=k_2[O_2][O]$

여기서, k_1은 정반응에서의 반응속도상수, k_2는 역반응에서의 반응속도상수

여기서, $[O]=\frac{k_1}{k_2}\frac{[O_3]}{[O_2]}$가 되며, 이를 $v=k[O_3][O]$에 대입하면

$v=k\frac{[O_3]^2}{[O_2]}$가 된다.

5 강산이나 강염기는 물에 녹아 대부분 이온화하여 전류가 강하게 흘러 백열전구의 불빛이 밝지만 약산이나 약염기는 일부만 이온화하여 전류가 약하게 흘러 백열전구의 불빛이 약하다.

6 ① Mn → $1s^22s^22p^63s^23p^64s^23d^5$ → $[Ar]4s^23d^5$

② Cu → $1s^22s^22p^63s^23p^64s^13d^{10}$ → $[Ar]4s^13d^{10}$

③ Cr → $1s^22s^22p^63s^23p^64s^13d^5$ → $[Ar]4s^13d^5$

④ 전자 배치 상태를 보면 $3d$가 아니라 $4p$에 해당하는 부준위이다. 훈트 규칙을 적용할 수 없다.

7 정반응을 방해하는 요소를 찾으면 된다.

반응 용기 내부의 압력을 높여 주면 르 샤틀리에의 원리에 의해 압력을 감소시키려는 작용이 내부에서 일어나 기체 분자의 총 몰 수가 감소하는 방향, 즉 정반응이 일어나게 되므로 암모니아가 생성된다.

엔탈피 변화량을 보면 정반응이 발열반응이므로 반응 용기 내부의 온도를 낮춰 주면 역시 르 샤틀리에의 원리에 의해 반응 용기 내부의 온도가 높아지는 방향, 즉 정반응이 일어나게 된다.

압력이 높을수록, 온도가 낮을수록 암모니아의 수득률은 높아진다.

정답 및 해설 4.④ 5.① 6.④ 7.①

8 탄소와 수소로만 이루어진 미지의 화합물을 원소분석한 결과 4.40g의 CO_2와 2.25g의 H_2O를 얻었다. 미지의 화합물의 실험식은? (단, 원자량은 H = 1, C = 12, O = 16이다.)

① CH_2
② C_2H_5
③ C_4H_{12}
④ C_5H_2

9 반응식의 균형을 맞출 경우에, ㈎~㈐로 가장 옳은 것은?

$$3NaHCO_3(aq) + C_6H_8O_7(aq) \rightarrow (가)CO_2(g) + (나)H_2O(l) + (다)Na_3C_6H_5O_7(aq)$$

	㈎	㈏	㈐
①	2	3	2
②	3	3	1
③	2	3	3
④	3	3	3

10 순수한 상태에서 강한 수소결합이 가능한 분자는?

① $CH_3-C\equiv N:$

② H–Ö–CH_3 (H–O–CH_3, O에 비공유 전자쌍 2개)

③ $F_3C-CF_2-CF_2-CF_3$

④ $(CH_3)_2\ddot{N}-C(=O)-CH_2-CH_3$

11 $[Co(NH_3)_6]^{3+}$, $[Co(NH_3)_5(NCS)]^{2+}$, $[Co(NH_3)_5(H_2O)]^{2+}$는 각각 노란색, 진한 주황색, 빨간색을 띤다. NH_3, NCS^-, H_2O의 분광화학적 계열 순서를 크기에 따라 표시한 것으로 가장 옳은 것은?

① $NH_3 > NCS^- > H_2O$

② $NH_3 < NCS^- < H_2O$

③ $NCS^- > H_2O > NH_3$

④ $NCS^- < H_2O < NH_3$

---

8 CO_2 속의 C의 질량을 먼저 구하면 CO_2 실제 질량$\times\dfrac{\text{C의 원자량}}{CO_2\text{의 분자량}}$이므로

$4.40\times\dfrac{12}{44}=1.2$

H_2O 속의 H의 질량을 구하면 H_2O 실제 질량$\times\dfrac{2\times\text{H의 원자량}}{H_2O\text{의 분자량}}$이므로

$2.25\times\dfrac{2\times1}{18}=0.25$

C : H의 실험식을 구하면

C의 질량 / C의 원자량 : H의 질량 / H의 원자량 = a : b

$\dfrac{1.2}{12}:\dfrac{0.25}{1}=a:b$

$0.1:0.25=1:2.5=2:5$이므로 C_2H_5

9 $C_6H_8O_7 + NaHCO_3 \rightarrow NaC_6H_7O_7 + H_2O + CO_2$

$NaC_6H_7O_7 + NaHCO_3 \rightarrow Na_2C_6H_6O_7 + H_2O + CO_2$

$Na_2C_6H_6O_7 + NaHCO_3$ (가열) $\rightarrow Na_3C_6H_5O_7 + H_2O + CO_2$

$C_6H_8O_7 + 3NaHCO_3 \rightarrow Na_3C_6H_5O_7 + 3H_2O + 3CO_2$

10 중성의 수소원자는 하나의 전자만을 가지고 있는데 이러한 수소에 전기음성도가 큰 원소 F, O, N과 결합하게 되면 수소의 전자는 결합하고 있던 F, O, N쪽으로 쏠리게 되어 반대쪽 부분에는 양성자의 영향을 강하게 받아 강한 부분적($\delta+$)를 가지게 되어 인근의 다른 분자나 화학적 용기에 있는 전기음성도가 큰 원소 간의 인력을 가질 수 있으며, 그러한 인력을 수소결합이라 한다.

수소결합이란 전기음성도가 큰 원소(F, O, N)에 붙어 있는 수소 원자의 원자핵이 전기음성도가 큰 원소의 비공유전자쌍과 상호작용을 하는 것을 의미한다.

② 수소와 산소가 직접적으로 연결되어 있어 가장 강한 수소결합을 한다.

11 **리간드의 분광화학적 계열**(spectrochemical series) … 리간드가 전이 금속 이온의 d 오비탈을 분리시키는 정도를 순서대로 나열한 것으로 $I^- < Br^- < S^{2-} < SCN^- < Cl^- < NO_3^- < N_3^- < F^- < OH^- < C_2O_4^{2-} < H_2O < NCS^- < CH_3CN <$ py $< NH_3 <$ en $<$ 2,2-bipyridine $<$ phen $< NO_2^- < PPh_3 < CN^- < CO$

정답 및 해설 8.② 9.② 10.② 11.①

12 알칼리 금속에 대한 설명으로 가장 옳지 않은 것은?

① 나트륨(Na)의 '원자가 전자 배치'는 $3s^1$이다.

② 물과 반응할 때, 환원력의 순서는 Li > K > Na이다.

③ 일차 이온화 에너지는 Li < K < Na이다.

④ 세슘(Cs)도 알칼리 금속이다.

13 〈보기〉의 화학반응식의 산화 반쪽반응으로 가장 옳은 것은?

$$Zn(s) + 2H^+(aq) \rightarrow Zn^{2+}(aq) + H_2(g)$$

① $Zn(s) \rightarrow Zn^{2+}(aq) + 2e^-$

② $Zn^{2+}(aq) + 2e^- \rightarrow Zn(s)$

③ $2H^+(aq) + 2e^- \rightarrow H_2(g)$

④ $H_2(g) \rightarrow 2H^+(aq) + 2e^-$

14 VSEPR(원자가 껍질 전자쌍 반발이론)에 근거하여 가장 안정된 형태의 구조가 삼각쌍뿔인 분자는?

① $BeCl_2$

② CH_4

③ PCl_5

④ IF_5

15 〈보기〉 중 끓는점이 가장 높은 것은?

〈보기〉

㉠ H_2O

㉡ H_2S

㉢ H_2Se

㉣ H_2Te

① ㉠

② ㉡

③ ㉢

④ ㉣

16 프로판올(C_3H_7OH)이 산소와 반응하면 물과 이산화탄소가 생긴다. 120.0g의 프로판올이 완전 연소될 때 생성되는 물의 질량은? (단, 수소의 원자량은 1.0g/mol, 탄소의 원자량은 12.0g/mol, 산소의 원자량은 16.0g/mol이다.)

① 36.0g ② 72.0g

③ 144.0g ④ 180.0g

12 주기율표상 같은 족 아래로 내려갈수록 알칼리 금속의 1차 이온화 에너지는 감소하고 원자의 반지름은 증가하며, 알칼리 금속의 1차 이온화 에너지와 원자화 에너지를 더한 값은 감소한다. 즉 알칼리 금속의 활성화 에너지 값도 감소하고 화학 반응은 빨라지며 반응성은 증가하게 된다.
알칼리 금속의 반응성은 Li < Na < K < Rb < Cs이므로 1차 이온화 에너지는 반대가 된다.

13 $Zn(s) + 2H^+(aq) \rightarrow Zn^{2+}(aq) + H_2(g)$ →알짜 이온 반응[볼타 전지]
㉠ **산화 전극(-)** : $Zn \rightarrow Zn^{2+} + 2e^-$ →질량감소
㉡ **환원 전극(+)** : $2H^+ + 2e^- \rightarrow H_2$ →질량변화 없음
총 반응식 $Zn + 2H^+ \rightarrow Zn^{2+} + H_2$

14 입체수(SN) = 비공유전자쌍의 수 + 결합한 원자의 수로 정의하며, SN=2일 때 직선형, SN=3일 때 평면정삼각형, SN=4일 때 정사면체, SN=5일 때 삼각쌍뿔, SN=6일 때 정팔면체로 기본구조를 정의하고 있다.
① $BeCl_2$ → SN = 2 + 0 → 직선형
② CH_4 → SN = 4 + 0 → 사면체형
③ PCl_5 → SN = 5 + 0 → 삼각쌍뿔
④ IF_5 → SN = 6 + 0 → 정팔면체

15 끓는점의 크기는 $H_2O \gg H_2Te > H_2Se > H_2S$
H_2O 같은 경우 수소결합을 하기 때문에 분산력은 H_2Te보다 작지만 끓는점이 훨씬 높다.
H_2O, H_2S, H_2Se, H_2Te에서 모두 작용하는 반데르발스 힘은 분자량이 커지는 순서대로 $H_2O < H_2S < H_2Se < H_2Te$가 된다.
쌍극자-쌍극자 힘은 그 반대 순서가 되며, H_2S, H_2Se, H_2Te 분자에서는 그 쌍극자-쌍극자 힘의 차이보다 분산력의 차이가 더 크기 때문에 끓는점이 $H_2S < H_2Se < H_2Te$의 순서로 나타난다.
그러나 H_2O의 경우 작용하는 수소결합은 다른 분자(H_2S, H_2Se, H_2Te)에는 없으며, 그 크기가 매우 크므로 물의 끓는점이 매우 높게 나타나는 것이다.

16 $C_3H_7OH + O_2 \rightarrow CO_2 + H_2O$
$2C_3H_7OH(l) + 9O_2(g) \rightarrow 6CO_2(g) + 8H_2O(l)$
생성되는 물의 질량은 $8 \times 18 = 144g$이다.

정답 및 해설 12.③ 13.① 14.③ 15.① 16.③

17 주양자수 $n=5$에 대해서, 각운동량 양자수 l의 값과 각 부 껍질 명칭으로 가장 옳지 않은 것은?

① $l=0$, $5s$
② $l=1$, $5p$
③ $l=3$, $5f$
④ $l=4$, $5e$

18 전자기파의 파장이 증가하는(에너지가 감소하는) 순서대로 바르게 나열한 것은?

① 마이크로파 < 적외선 < 가시광선 < 자외선
② 마이크로파 < 가시광선 < 적외선 < 자외선
③ 자외선 < 가시광선 < 적외선 < 마이크로파
④ 자외선 < 적외선 < 가시광선 < 마이크로파

19 〈보기〉 중 반지름이 가장 큰 이온은?

〈보기〉

㉠ $_{38}Sr^{2+}$
㉡ $_{34}Se^{2-}$
㉢ $_{35}Br^{-}$
㉣ $_{37}Rb^{+}$

① ㉠
② ㉡
③ ㉢
④ ㉣

17 각운동량 양자수=주양자 수−1이므로

$l = 0,\ 1,\ 2,\ 3,\ 4$

부껍질

0	1	2	3	4	5
s	p	d	f	g	h

18 전자기파에서 파장과 진동수가 나오는데 파장이 짧을수록 진동수는 커진다.

㉠ **진동수가 큰 순서** : 우주선 > 감마선 > X선 > 자외선 > 가시광선 > 적외선 > 마이크로파 > 라디오파

㉡ **파장이 큰 순서** : 우주선 < 감마선 < X선 < 자외선 < 가시광선 < 적외선 < 마이크로파 < 라디오파

19 이온 반지름

㉠ **양이온의 반지름** : 금속 원소가 전자를 잃고 양이온이 될 때 전자껍질 수가 감소하므로 반지름이 작아진다.

㉡ **음이온의 반지름** : 비금속 원소가 전자를 얻어 음이온이 될 때 전자 사이의 반발력이 증가하므로 반지름이 커진다.

㉢ **등전자 이온의 반지름** : 전자 수가 같은 이온의 반지름은 핵 전하가 클수록 핵과 전자 사이의 인력이 증가하므로 반지름이 작아진다.

※ 원자와 그 이온의 크기

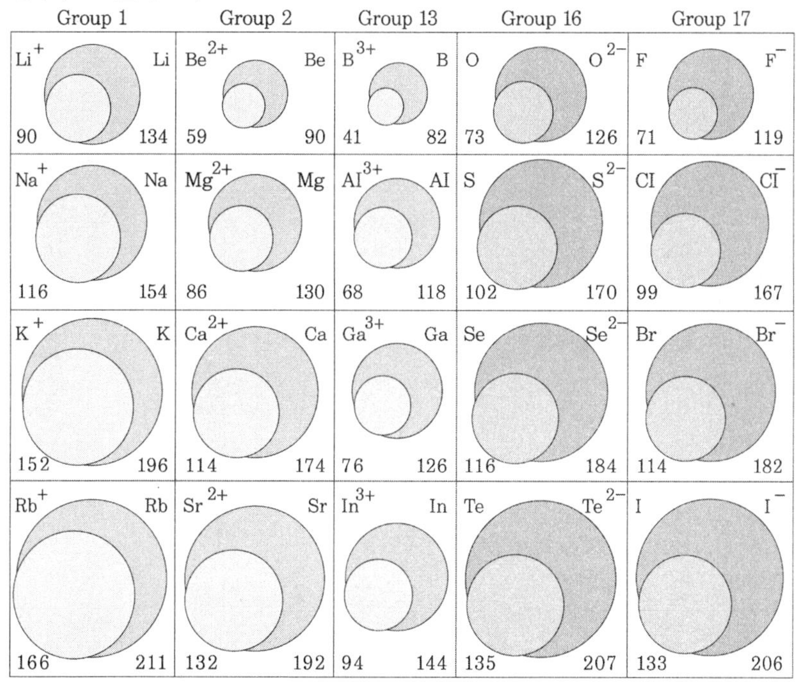

정답 및 해설 17.④ 18.③ 19.②

20 과망간산칼륨($KMnO_4$)은 산화제로 널리 쓰이는 시약이다. 염기성 용액에서 과망간산 이온은 물을 산화시키며 이산화망간으로 환원되는데, 이때의 화학 반응식으로 가장 옳은 것은?

① $MnO_4^-(aq) + H_2O(l) \rightarrow MnO_2(s) + H_2(g) + OH^-(aq)$

② $MnO_4^-(aq) + 6H_2O(l) \rightarrow MnO_2(s) + 2H_2(g) + 8OH^-(aq)$

③ $4MnO_4^-(aq) + 2H_2O(l) \rightarrow 4MnO_2(s) + 3O_2(g) + 4OH^-(aq)$

④ $2MnO_4^-(aq) + 2H_2O(l) \rightarrow 2Mn^{2+}(aq) + 3O_2(g) + 4OH^-(aq)$

20 반응물 : MnO_4^-, H_2O

생성물 : MnO_2, O_2($H_2O \rightarrow H_2$와 $H_2O \rightarrow O_2$ 중 물이 산화된다고 했으므로)

반응물과 생성물로 반응식을 정리해 보면

$MnO_4^- + H_2O \rightarrow MnO_2 + O_2$ [미완성 반응식]

→ 반쪽 반응으로 나누면

• 산화 : $H_2O \rightarrow O_2$ [O의 산화수는 −2에서 0으로 증가함 → 산화]

• 환원 : $MnO_4^- \rightarrow MnO_2$ [Mn의 산화수는 +7에서 +4로 감소함 → 환원]

→ 질량 균형

• 산화 : $2H_2O \rightarrow O_2 + 4H^+$

• 환원 : $MnO_4^- + 4H^+ \rightarrow MnO_2 + 2H_2O$

→ 전하 균형

• 산화 : $2H_2O \rightarrow O_2 + 4H^+ + 4e^-$

• 환원 : $MnO_4^- + 4H^+ + 3e^- \rightarrow MnO_2 + 2H_2O$

→ 이동한 전자 수를 같게 만들어 주면

• 산화 : $2H_2O \rightarrow O_2 + 4H^+ + 4e^-$ → 여기에 3을 곱하여 주면

$6H_2O \rightarrow 3O_2 + 12H^+ + 12e^-$

• 환원 : $MnO_4^- + 4H^+ + 3e^- \rightarrow MnO_2 + 2H_2O$

→ 여기에 4를 곱하여 주면

$4MnO_4^- + 16H^+ + 12e^- \rightarrow 4MnO_2 + 8H_2O$

→ 반쪽 반응을 더하여 주면

$4MnO_4^- + 4H^+ \rightarrow 4MnO_2 + 3O_2 + 2H_2O$

→ H^+를 OH^-로 변경하면 (문제에서 염기성 용액에서라고 했으므로)

$4MnO_4^- + 4H^+ + 4OH^- \rightarrow 4MnO_2 + 3O_2 + 2H_2O + 4OH^-$

$4MnO_4^- + 4H_2O \rightarrow 4MnO_2 + 3O_2 + 2H_2O + 4OH^-$

$4MnO_4^- + 2H_2O \rightarrow 4MnO_2 + 3O_2 + 4OH^-$

$4MnO_4^-(aq) + 2H_2O(l) \rightarrow 4MnO_2(s) + 3O_2(g) + 4OH^-(aq)$

정답 및 해설 20.③

2018

10월 13일 | 경력경쟁(9급 고졸자) 서울특별시 시행

1 〈보기 1〉는 임의의 원소 A ~ C의 바닥상태인 원자 또는 이온의 전자 배치를 모형으로 나타낸 것이다. 이에 대한 설명으로 옳은 것을 〈보기 2〉에서 모두 고른 것은?

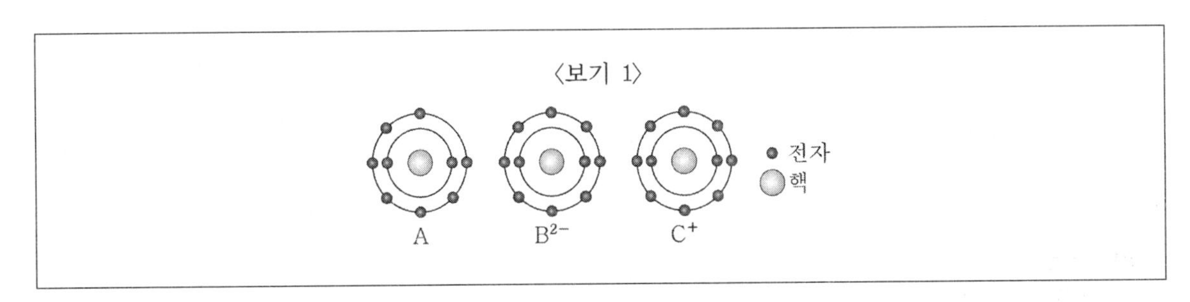

〈보기 2〉

㉠ 원자 반지름은 C가 가장 크다.
㉡ 전기 음성도는 A가 B보다 크다.
㉢ 이온 반지름은 A^{-}가 B^{2-}보다 크다.

① ㉠㉡
② ㉠㉢
③ ㉡㉢
④ ㉠㉡㉢

2 25℃에서 0.1M 약산 HA 수용액의 이온화도가 0.01 일 때 pH의 값은?

① 1
② 2
③ 3
④ 4

3 묽은 염산(HCl)과 마그네슘(Mg)이 반응하면 〈보기〉와 같이 수소기체(H_2)가 발생한다. 0℃, 1기압에서 HCl 73g을 충분한 양의 마그네슘(Mg)과 반응시킬 때 발생하는 수소(H_2) 기체의 부피[L]는? (단, 원자량은 H＝1.0, Cl＝35.5이다.)

〈보기〉

$$Mg(s) + 2HCl(aq) \rightarrow MgCl_2(aq) + H_2(g)$$

① 5.6　② 11.2

③ 22.4　④ 33.6

---

1 양성자 수가 9이고, 전자 수는 10이므로 음이온이다.

A → 원자번호 9인 F이다.

B^{2-} → 원자번호 8인 O^{2-}이다. B는 O이다.

C^+ → 원자번호 11인 Na^+이며, C는 Na이다.

㉠ 원자 반지름은 원자번호가 클수록(아래쪽으로 갈수록) 전자껍질의 수가 증가하므로 원자 반지름은 커진다. 그러므로 원자 반지름은 C가 가장 크다.

㉡ 전기 음성도는 주기율표상 오른쪽, 위로 갈수록 커지므로 기본적으로 F > O > N > C > H이다.

㉢ 이온 반지름은 금속원소가 전자를 잃고 양이온이 될 경우 전자껍질 수가 감소하므로 이온 반지름은 작아지게 된다. ($Na > Na^+$)

비금속원소가 전자를 얻어 음이온이 될 경우 전자 사이의 반발력이 증가하므로 이온 반지름은 증가한다. ($O < O^{2-}$)

전자수가 같은 이온의 반지름은 핵전하가 클수록 핵과 전자 사이의 인력이 증가하므로 이온 반지름은 작아진다. ($O^{2-} > F^-$)

그러므로 이온 반지름은 A^-가 B^{2-}보다 작다.

2

$$이온화도 = \frac{[H^+]_{평형}}{[HA]_{초기}}$$

$$0.01 = \frac{[H^+]}{0.1M} \rightarrow [H^+] = 0.01 \times 0.1M = 0.001M$$

0.1M의 HA 수용액을 만들면 이중 0.001M만큼만 이온화된다.

$HA(aq) \rightleftarrows H^+(aq) + A^-(aq)$

수용액 중 H^+ 이온의 농도는 0.001M이고 나머지 0.099M은 HA, 분자형태로 존재

$pH = -\log[H^+] = -\log(0.001) = 3$

3 발생한 수소의 부피를 x라고 하면

몰수비 = $2HCl : H_2$ = 1 : 1이므로

$2 \times 36.5g : 22.4L = 73g : x$

$x = 22.4$

정답 및 해설 1.① 2.③ 3.③

4 〈보기〉는 다섯 가지 원자의 전자 배치를 나타낸 것이다. 두 원자가 결합할 때 이온결합을 형성할 수 있는 것을 모두 고른 것은?

원자	전자배치			
	K	L	M	N
㉠	2	6		
㉡	2	8	1	
㉢	2	8	5	
㉣	2	8	7	
㉤	2	8	8	2

① ㉠ − ㉡, ㉣ − ㉤
② ㉠ − ㉢, ㉡ − ㉣
③ ㉡ − ㉣, ㉢ − ㉣
④ ㉡ − ㉤, ㉢ − ㉣

5 25℃, 1기압에서 기체의 부피가 5.6L이다. 이 기체의 부피가 2배가 될 때의 온도[℃]는? (단, 기체의 양과 압력은 일정하고, 절대온도 = 섭씨온도 + 273이다.)

① 50
② 148
③ 273
④ 323

6 〈보기〉의 물질에서 밑줄 친 원자의 산화수를 모두 합한 값은?

$Mg\underline{H}_2$　　$\underline{O}F_2$　　$\underline{S}O_3^{2-}$

① +3
② +4
③ +5
④ +6

7 0.2M 염산(HCl) 40mL가 완전히 중화되는 데 필요한 0.05M 수산화칼슘($Ca(OH)_2$) 수용액의 부피[mL]는?

① 40 ② 80
③ 120 ④ 160

4 이온 결합이란 화학 결합의 한 형태로 전하를 띤 양이온과 음이온 사이의 정전기적 인력에 기반을 둔 결합이다.
수소 원자(H), 산소 원자(O) 등 모든 원자는 전기적으로 중성이다. 전기적으로 중성인 원자가 전자(e^-)를 잃거나 얻으면 이온이 된다. 즉, 중성 원자에서 전자를 잃거나 얻어서 전하를 띤 물질을 이온이라 한다.
중성인 원자 또는 원자단이 전자를 잃으면, 양(+)전하를 띤 물질이 되는데, 이 물질을 양이온(cation)이라 하며, 중성인 원자 또는 원자단이 전자를 얻으면, 음(-)전하를 띤 물질이 되는데, 이 물질을 음이온(anion)이라 한다.
• 양이온의 종류 : H^+, Li^+, Na^+, K^+, Be^{2+}, Mg^{2+}, Ca^{2+}, Ag^+, Ba^{2+} 등
• 음이온의 종류 : F^-, Cl^-, Br^-, I^-, O_2^-, S_2^- 등
문제에서 보면
㉠ $1s^22s^22p^4$ → 원자번호 8인 O
㉡ $1s^22s^22p^63s^1$ → 원자번호 11인 Na
㉢ $1s^22s^22p^63s^23p^3$ → 원자번호 15인 P
㉣ $1s^22s^22p^63s^23p^5$ → 원자번호 17인 Cl
㉤ $1s^22s^22p^63s^23p^64s^2$ → 원자번호 20인 Ca
이온결합을 형성할 수 있는 것으로는 Na_2O, $CaCl_2$, NaCl이 있다.

5 이상기체 방정식 $PV=nRT$에서 기체, 몰수, 압력이 동일하다고 가정하면
$V \propto T$라는 식을 도출할 수 있다.
여기서 부피가 2배가 되면 온도 또한 2배가 된다.
문제에서 제시한 온도는 25℃인데 2배를 하면 50℃가 된다.
그러나 T는 절대온도를 의미하므로 273 + 섭씨온도로 나타내야 한다.
그러므로 구하는 답은 $273+50=323$

6 MgH_2 → 산화수 변화는 Mg는 +2를 수소는 −1를 가진다.
OF_2 → 산화수 변화는 F는 −1을 산소는 +2를 가진다.
SO_3^{2-} → 산화수 변화는 O는 −2이므로 $S + 3(O) = -2$ → $S + 3(-2) = -2$를 구하면
황은 +4를 가진다.
문제의 산화수를 모두 합하면 $-1+2+4=+5$가 된다.

7 $MV=n$, $MV=M'V'$의 식을 이용하여 구한다.
산과 염기의 중화반응이므로 수산화이온의 수와 수소이온의 수가 같아야 한다.
$0.2M \times 40mL = 0.05M \times 2x$

$$x=\frac{0.2\times 40}{0.05\times 2}=80mL$$

정답 및 해설 4.① 5.④ 6.③ 7.②

8 〈보기〉는 구리 전극과 은 전극의 표준 환원 전위이다. 두 전극을 연결하여 전지를 만들었을 때, 이 전지의 표준 전지 전위의 값[V]은?

$$Cu^{2+}(aq) + 2e^{-} \rightarrow Cu(s),\ E^{\circ}=+0.34V$$
$$Ag^{+}(aq) + e^{-} \rightarrow Ag(s),\ E^{\circ}=+0.80V$$

① −1.14
② −0.46
③ +0.46
④ +1.14

9 분자 사이에 수소결합을 하지 않는 분자는?

① HCHO
② HF
③ C_2H_5OH
④ CH_3COOH

10 〈보기〉는 공유 결합 화합물에서 공유 전자쌍과 비공유 전자쌍을 구별하여 나타낸 것이다. 화합물 중에서 비공유 전자쌍의 개수가 가장 많은 것은?

H· + ·F: → H:F:

공유 전자쌍
비공유 전자쌍

① OF_2
② NF_3
③ $H_3N : BF_3$
④ C_2H_4

8 기전력 = 큰 쪽 전극전위 – 작은 쪽 전극전위 표준 = 산화전위 – 표준 환원전위로 구하면 된다.

$CuSO^4$ 용액에 Ag를 넣은 경우의 표준 전지 전위를 계산해 보면

$2Ag + Cu^{2+} \rightarrow 2Ag^{+} + Cu$

$Ag \rightarrow Ag^{+} + e^{-}$, $E° = -0.80V$

$Cu \rightarrow Cu^{+} + 2e^{-}$, $E° = -0.34V$

$Cu^{2+}(aq) + 2e^{-} \rightarrow Cu(s)$, $E° = +0.34V$

$Ag^{+}(aq) + e^{-} \rightarrow Ag(s)$, $E° = +0.80V$

$E° = E°_1 - E°_2 = +0.80 - (+0.34) = +0.46V$

9 수소결합은 전기 음성도 차이가 수소랑 큰 원소(F, O, N 등)가 수소와 결합하여 전기적인 성질을 띄어 다른 분자와 결합하는 형태를 말한다.

```
         O
         ‖
HCHO는 H—C—H
```

HCHO는 H—C(=O)—H 이런 식으로 수소가 탄소랑 연결되어 있어 수소와 탄소의 전기음성도 차이는 거의 없다.

즉 HCHO 자체는 전기적인 성질을 띄긴 하지만 수소결합은 하지 못한다.

10

```
          ··   ··  ··
         : F : O : F :
OF2 →     ··   ··  ··

          ··
         : F :
          ··  ··
         : N : F :
          ··  ··
NF3 →    : F :
          ··

                     ··
                H  : F :
                 ··  ··  ··
            H : N  : B : F :
                 ··  ··  ··
H3N : BF3 →     H  : F :
                     ··

          H     H
          ··    ··
          C  :: C
          ··    ··
C2H4 →    H     H
```

정답 및 해설 8.③ 9.① 10.②

11 **용액의 농도에 대한 설명으로 가장 옳은 것은?**

① 퍼센트 농도(%농도)는 온도에 따라 달라진다.

② ppm 농도는 용액 1,000,000g 속에 녹아 있는 용질의 몰수를 나타낸다.

③ 몰농도는 용액 1L 속에 녹아 있는 용질의 몰수를 나타낸 농도이며, 단위로는 m를 사용한다.

④ 용액의 몰랄농도와 용매의 질량을 알면 용액에 녹아 있는 용질의 몰수를 구할 수 있다.

12 **〈보기 1〉은 중성 원자 A ~ E의 질량수와 양성자수를 나타낸 것이다. 이에 대한 설명으로 옳은 것을 〈보기 2〉에서 모두 고른 것은? (단, A ~ E는 임의의 원소 기호이다.)**

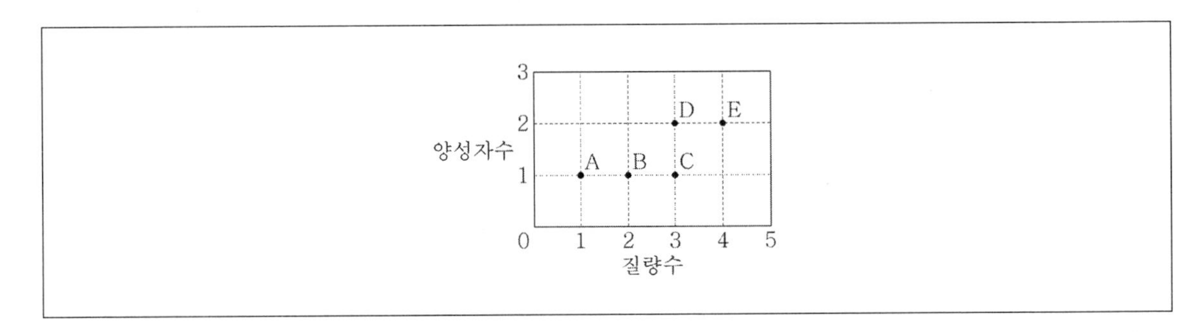

〈보기 2〉

㉠ $\frac{\text{전자수}}{\text{질량수}}$는 B와 E가 같다.

㉡ A와 C는 동위원소이다.

㉢ 1g에 들어 있는 원자수는 D가 C보다 크다.

① ㉠㉡

② ㉠㉢

③ ㉡㉢

④ ㉠㉡㉢

11 ① **퍼센트 농도** : 단위 질량의 용액 속에 녹아 있는 용질의 질량을 백분율로 나타낸 농도이다. 부피에 관계없는 값이므로 온도나 압력이 변하여도 농도가 바뀌지 않는다는 장점이 있다.

② **ppm 농도** : 용액 10^6g 속에 녹아 있는 용질의 질량을 나타낸 것으로 온도와 압력이 변하여도 용매와 용질의 질량이 일정하므로 ppm 농도는 온도나 압력 변화의 영향을 받지 않는다.

③ **몰농도** : 용액 1리터 속에 녹아 있는 용질의 몰수로 나타내는 농도로 mol/l 또는 M으로 표시한다.

④ **몰랄농도** : 용액의 농도를 나타내는 단위로 용매 1kg에 녹아 있는 용질의 몰수로 나타낸 농도(mol/kg)이다. 기호는 m으로 표시하며 부피를 기준으로 하는 몰농도와 달리 몰랄농도는 질량을 기준으로 하므로 온도 변화에 영향을 받지 않는 장점이 있다.

12 동위원소는 원자번호는 동일하고 질량수가 다른 원소를 말하므로 A와 B와 C는 동위원소, D와 E가 동위원소이다.

질량수 = 양성자수 + 중성자수

원자번호 = 양성자수 = 중성 원자의 전자수

원자번호는 A = B = C = 1, D = E = 2이다.

$\frac{\text{전자수}}{\text{질량수}}$ 를 구해보면 $A=\frac{1}{1}$, $B=\frac{1}{2}$, $C=\frac{1}{3}$, $D=\frac{2}{3}$, $E=\frac{2}{4}=\frac{1}{2}$

1g에 들어 있는 원자수는 즉 1g에 원자 하나당 질량으로 나누어 구하면 된다. 즉, $\frac{1}{\text{원자량}}$

$\text{원자수}=\frac{\text{질량}}{\text{원자량}}$

정답 및 해설 11.④ 12.①

13 〈보기 1〉은 수소(H_2) – 산소(O_2) 연료 전지의 구조와, 각 전극에서 일어나는 화학 반응식을 나타낸 것이다. 이에 대한 설명으로 옳은 것을 〈보기 2〉에서 모두 고른 것은? (단, 반응식의 계수는 기록하지 않았다.)

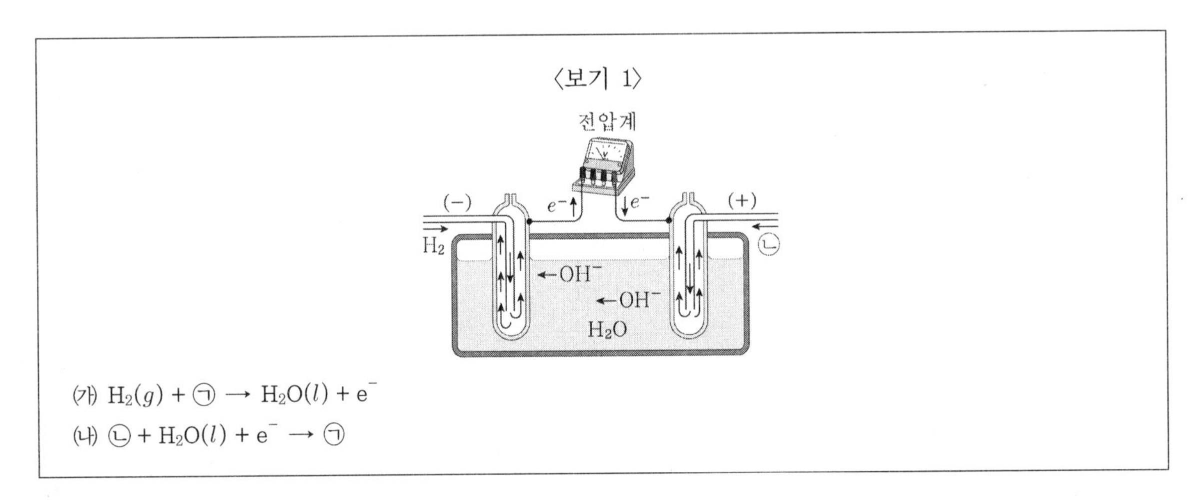

〈보기 2〉

㉠ ㉠은 수산화이온이다.
㉡ (나)는 (−)극에서 일어나는 반응이다.
㉢ ㉡ 1몰이 반응하는 동안 전자 4몰이 도선을 따라 흘러간다.

① ㉠㉡
② ㉠㉢
③ ㉡㉢
④ ㉠㉡㉢

13 〈보기〉는 알칼리 전해액을 이용하여 물을 전기 분해하는 기술로 단위전지의 각 전극에서 발생하는 반응을 보면 다음과 같다.

- 음극 : $2H_2O + 2e^- \rightarrow 2OH^- + H_2$
- 양극 : $2OH^- \rightarrow H_2O + \frac{1}{2}O_2 + 2e^-$

문제의 화학 반응식을 살펴보면

(가) $H_2(g)$ + ㉠ → $H_2O(l) + e^-$

(나) ㉡ + $H_2O(l) + e^-$ → ㉠

(가), (나)의 식을 완성해 보면

(가) $H_2 + 2OH^- \rightarrow 2H_2O + 2e^-$ [음극]

(나) $O_2 + 2H_2O + 4e^- \rightarrow 4OH^-$ [양극]

㉠은 수산화이온이다.

㉡ (나)는 (+)극에서 일어나는 반응이다.

㉢ ㉡ 1몰이 반응하는 동안 전자 4몰이 도선을 따라 흘러간다.

정답 및 해설 13.②

14 〈보기 1〉은 뉴클레오타이드의 구조를 나타낸 것이다. 이에 대한 설명으로 옳은 것을 〈보기 2〉에서 모두 고른 것은?

〈보기 1〉

O
N N-H
N N NH_2
O
HO-P-O-CH_2 O
OH
H H
H H
OH H

〈보기 2〉

㉠ 몸 속 DNA의 액성은 중성이다.
㉡ DNA가 음전하를 띠는 것은 인산 때문이다.
㉢ 뉴클레오타이드는 인산, 당, 염기로 이루어져 있다.

① ㉠
② ㉠㉡
③ ㉡㉢
④ ㉠㉡㉢

15 〈보기〉는 300℃에서 A와 B로부터 C가 생성되는 반응의 열화학 반응식이다. 이에 대한 설명으로 가장 옳은 것은? (단, 평형상태에서의 농도(mol/L)는 [A]=3, [B]=1, [C]=3이다.)

〈보기〉

$$A(g) + 2B(g) \rightleftarrows 2C(g), \quad \Delta H < 0$$

① 평형상수는 1이다.
② 평형상태에서 온도를 높이면 평형은 정반응 쪽으로 이동한다.
③ 평형상태에서 반응 용기의 부피를 증가시켜 압력을 감소시키면 평형은 정반응 쪽으로 이동한다.
④ 300℃에서 $A(g)$, $B(g)$, $C(g)$의 농도(mol/L)가 [A]=2, [B]=1, [C]=2이면 정반응이 진행된다.

16 0℃, 1기압에서 22.4L의 일산화탄소(CO) 기체와 충분한 양의 일산화질소(NO) 기체를 〈보기〉와 같이 반응시켜 질소(N_2) 기체를 얻었다. 얻은 질소(N_2) 기체를 20L 강철용기에 넣고 온도를 127℃로 올렸을 때의 기압으로 가장 옳은 것은? (단, 기체 상수(R)는 0.08L · atm/mol · K이고, 절대온도 = 섭씨온도 + 273이다.)

$$2CO(g) + 2NO(g) \rightarrow 2CO_2(g) + N_2(g)$$

① 0.25기압
② 0.8기압
③ 1.6기압
④ 7.1기압

14 핵산은 여러 개의 뉴클레오타이드가 결합한 폴리뉴클레오타이드로 구성된다. 뉴클레오타이드는 인산-당-염기로 구성되고 이 중 당과 염기가 결합한 구조를 뉴클레오시드라고 한다.
인산은 중앙에 인을 가지며, 5탄당의 5번 탄소와 연결되어 있다. 인산기로 인해 DNA가 산성을 띠기 때문에 핵산이라고 한다. DNA의 양쪽 바깥으로 보면 인산기가 있는데 에스테르 결합에 의하여 당들이 연결되어 있는 것을 알 수 있다. 인산은 산이므로 수소가 이온화한다. DNA에서 PO_4는 2개의 산소가 앞뒤로 염기와 결합하고 2개의 산소에서 수소가 떨어져 나가 음전하를 띠게 된다.

15
① 평형상수는 $\frac{[C]^2}{[A][B]^2} = \frac{3^2}{3 \times 1^2} = 3$이다.
② 평형상태에서 온도를 높이면 평형은 역반응 쪽으로 이동한다.
③ 평형상태에서 반응 용기의 부피를 증가시켜 압력을 감소시키면 평형은 역반응 쪽으로 이동한다.

16 $2CO(g) + 2NO(g) \rightarrow 2CO_2 + N_2(g)$
일산화탄소와 질소의 계수비가 2 : 1
0℃, 1기압에서 22.4L의 일산화탄소가 완전 반응하려면 0℃, 1기압에서 11.2L의 질소가 생성되어야 한다.
이렇게 생성된 질소를 20L의 강철용기에 넣고 127℃로 온도를 올리면 보일-샤를의 법칙에 의해
$\frac{PV}{T} = k$가 성립된다.
이 식에 대입하여 구하면 $\frac{11.2}{273} = \frac{x \times 20}{273 + 127}$
x를 구하면 $x = \frac{11.2 \times 400}{273 \times 20} = 0.82$기압

정답 및 해설 14.③ 15.④ 16.②

17 〈보기〉는 아연(Zn)판과 구리(Cu)판을 묽은 황산에 담그고 도선으로 두 금속판을 연결한 전지이다. 이에 대한 설명으로 가장 옳은 것은?

$Zn(s)$ ∣ $H_2SO_4(aq)$ ∣ $Cu(s)$

① 다니엘 전지이다.

② (−)극에서 아연판 질량은 일정하다.

③ 분극 현상이 일어난다.

④ (+)극에서 구리판 질량이 증가한다.

18 〈보기〉에 대한 설명으로 가장 옳은 것은?

〈보기〉

(가) $C(s) + O_2(g) \rightarrow CO_2(g)$, $\Delta H_1 = -393.5\text{kJ}$

(나) $C(s) + \frac{1}{2}O_2(g) \rightarrow CO(g)$, $\Delta H_2 = -110.5\text{kJ}$

(다) $CO(g) + \frac{1}{2}O_2(g) \rightarrow CO_2(g)$, $\Delta H_3 = $ (㉠)

① (가) 반응은 흡열 반응이다.

② $C(s)$의 연소 엔탈피(ΔH)는 ΔH_2이다.

③ $CO_2(g)$의 분해 엔탈피(ΔH)는 ΔH_1이다.

④ ㉠은 -283.0kJ이다.

17 볼타전지 … 아연판과 구리판을 묽은 황산에 담가 도선을 연결한 전지를 말한다. 반응성이 큰 아연판은 산화되어 전자를 내놓는 음극이 되고, 반응성이 작은 구리판은 양극이 되어 수소 이온이 전자를 얻고 환원된다.

전지식 : (−)Zn | H_2SO | Cu (+)

- Zn극 반응 : $Zn(s) \rightarrow Zn^{2+}(aq) + 2e^-$ 산화반응
- Cu극 반응 : $2H^+(aq) + 2e^- \rightarrow H_2(g)$ 환원반응
- 전체반응 : $Zn(g) + 2H^+(aq) \rightarrow Zn^{2+}(aq) + H_2(g)$
- 전극변화 : 아연판은 Zn^{2+}가 되어 용액 속으로 녹아 들어가므로 아연판의 질량은 감소하며, 구리판에서는 H^+가 H_2 기체가 되어 발생하므로 구리판의 질량은 변하지 않는다.
- 분극작용 : 볼타전지의 기전력이 곧 떨어지는 현상이 일어나는 것은 (+)극인 구리 표면에 발생한 수소 기체가 전극을 둘러싸 용액 중의 수소 이온이 전자를 받아들이는 환원작용을 방해하기 때문이다. 전극에 생성된 물질 때문에 기전력이 감소되는 현상을 분극작용이라 한다.

18 • 탄소가 산소와 직접 연소해서 이산화탄소가 되는 반응 [경로 1]

$C(s) + O_2(g) \rightarrow CO_2(g)$, 엔탈피 변화($\Delta H$)=−393.5kJ

• 탄소가 일산화탄소로 바뀐 후에 이산화탄소가 되는 반응 [경로 2]

$C(s) + \frac{1}{2}O_2(g) \rightarrow CO(g)$, 엔탈피 변화($\Delta H$)=−110.5kJ

$CO(g) + \frac{1}{2}O_2(g) \rightarrow CO_2(g)$, 엔탈피 변화($\Delta H$)=−393.5−(−110.5)=−283kJ

위 두 식은 반응물과 생성물이 종류와 상태가 같고 [경로 2]에서 두 엔탈피 변화를 더해보면 [경로 1]의 엔탈피 변화와 같은 것을 알 수 있다.

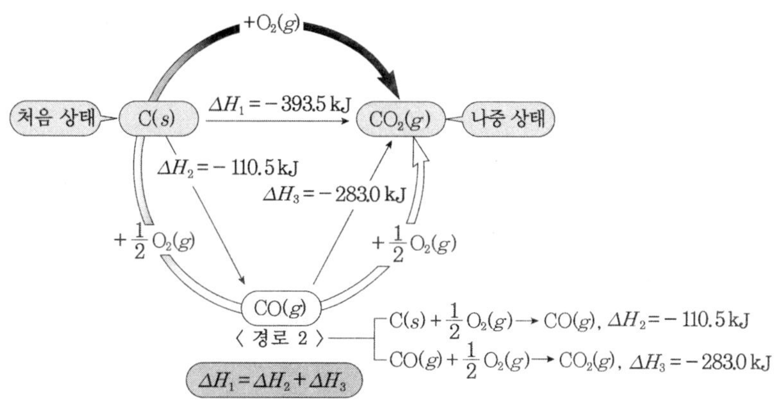

① ㈎ 반응은 발열반응이다.
② C(s)의 연소 엔탈피(ΔH)는 ΔH_1이다.
③ $CO_2(g)$의 분해 엔탈피(ΔH)는 ΔH_3이다.
④ ㉠은 −283.0kJ이다.

정답 및 해설 17.③ 18.④

19 〈보기〉 실험에 대한 설명으로 가장 옳은 것은?

〈보기〉

[실험 과정]

(가) 삼각 플라스크에 100g의 물을 넣은 후 물의 온도(t_1)를 측정한다.

(나) 고체 질산암모늄(NH_4NO_3) 8g을 완전히 녹인 후 수용액의 온도(t_2)를 측정한다.

[실험 결과]

t_1은 23.8℃이고, t_2는 17.3℃가 되었다.

① 질산암모늄의 물에 대한 용해 반응은 발열 반응이다.

② 주위의 엔트로피는 감소한다.

③ 계의 엔탈피는 감소한다.

④ 반응이 자발적으로 일어나므로 계의 엔트로피는 감소한다.

20 분자 중 모양이 삼각뿔형인 것은?

① BeH_2

② BF_3

③ SiH_4

④ NH_3

19 실험 결과 수용액의 온도가 감소하였으므로 NH_4NO_3의 용해 반응은 흡열 반응이다.
NH_4NO_3가 수용액에 녹아서 이온화되므로 계의 엔트로피는 증가한다.
반응이 자발적으로 일어났으므로 전체 엔트로피는 증가하였다.
수용액의 온도가 감소한 것으로 보아 주위에서 열을 흡수하는 흡열 반응($\Delta H > 0$)이 일어났으므로 계의 엔탈피는 증가하고 주위의 엔탈피는 감소하였다.

20 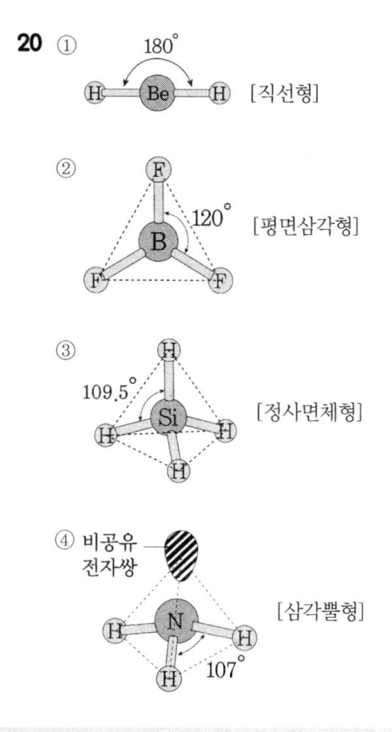

정답 및 해설 19.② 20.④

2019 6월 15일 | 제1회 지방직 시행

1 유효 숫자를 고려한 (13.59 × 6.3) ÷ 12의 값은?

① 7.1

② 7.13

③ 7.14

④ 7.135

2 다음 바닥상태의 전자 배치 중 17족 할로젠 원소는?

① $1s^2 2s^2 2p^6 3s^2 3p^5$

② $1s^2 2s^2 2p^6 3s^2 3p^6 3d^7 4s^2$

③ $1s^2 2s^2 2p^6 3s^2 3p^6 4s^1$

④ $1s^2 2s^2 2p^6 3s^2 3p^6$

3 결합의 극성 크기 비교로 옳은 것은? (단, 전기 음성도 값은 H = 2.1, C = 2.5, O = 3.5, F = 4.0, Si = 1.8, Cl = 3.0이다)

① C−F > Si−F

② C−H > Si−H

③ O−F > O−Cl

④ C−O > Si−O

4 **샤를의 법칙을 옳게 표현한 식은? (단, V, P, T, n은 각각 이상 기체의 부피, 압력, 절대온도, 몰수이다)**

① V = 상수/P

② V = 상수 × n

③ V = 상수 × T

④ V = 상수 × P

1 유효숫자를 고려한 사칙 연산의 기본은 '가장 작은 소수점 이하 자릿수'에 맞추는 것이다.
여기서 보면 13.59 → 4자리, 6.3 → 2자리, 12 → 2자리이므로 결과는 2자리까지만 맞추면 된다.
$(13.59 \times 6.3) \div 12 = 7.13475$
2자리로 맞춰야 하므로 7.1이 된다.

2 ① 17족 염소
② 27족 코발트
③ 19족 칼륨
④ 18족 아르곤

3 결합 원자 간의 전기 음성도 차이가 클수록 극성이다.
① C−F(1.5) < Si−F(2.2)
② C−H(0.4) > Si−H(0.3)
③ O−F(0.5) = O−Cl(0.5)
④ C−O(1.0) < Si−O(1.7)

4 샤를의 법칙은 기체의 부피가 기체의 온도에 비례한다는 법칙으로 기체의 압력이 일정할 때 기체의 부피가 기체의 절대온도에 비례한다는 것이다.
$\frac{V}{T} = k$ 여기서, V는 부피, T는 절대온도이고, k는 상수이다.

정답 및 해설 1.① 2.① 3.② 4.③

5 온실 가스가 아닌 것은?

① $CO_2(g)$
② $H_2O(g)$
③ $N_2(g)$
④ $CH_4(g)$

6 4몰의 원소 X와 10몰의 원소 Y를 반응시켜 X와 Y가 일정비로 결합된 화합물 4몰을 얻었고 2몰의 원소 Y가 남았다. 이때, 균형 맞춘 화학 반응식은?

① $4X + 10Y \rightarrow X_4Y_{10}$
② $2X + 8Y \rightarrow X_2Y_8$
③ $X + 2Y \rightarrow XY_2$
④ $4X + 10Y \rightarrow 4XY_2$

7 용액의 총괄성에 대한 설명으로 옳은 것만을 모두 고르면?

> ㉠ 용질의 종류와 무관하고, 용질의 입자 수에 의존하는 물리적 성질이다.
> ㉡ 증기 압력은 0.1 M NaCl 수용액이 0.1 M 설탕 수용액보다 크다.
> ㉢ 끓는점 오름의 크기는 0.1 M NaCl 수용액이 0.1 M 설탕 수용액보다 크다.
> ㉣ 어는점 내림의 크기는 0.1 M NaCl 수용액이 0.1 M 설탕 수용액보다 작다.

① ㉠㉡　　② ㉠㉢
③ ㉡㉣　　④ ㉢㉣

5 온실 가스의 종류

- 수증기(H_2O) : 지구 온실가스의 가장 많은 부분을 차지하는 수증기는 주로 태양 복사열에 의해 바다에서 만들어 진다.
- 이산화탄소(CO_2) : 자연발생적 이산화탄소의 양은 지구 대기 중 미미한 수준이며, 다른 온실 가스에 비해 온실효과에 대한 영향이 크지 않았다. 하지만 1750년 산업혁명 이후 급증한 화석연료의 사용으로 인위적으로 발생되는 온실가스 중 이산화탄소는 80%를 차지한다.
- 메탄(CH_4) : 대기 중에 존재하는 메탄가스는 이산화탄소에 비해 200분에 1에 불과하지만, 그 효과는 이산화탄소에 비해 20배 이상 강력하다고 알려져 있다. 메탄가스는 미생물에 의한 유기물질의 분해과정을 통해 주로 생산되며, 화석연료 사용, 폐기물 배출, 가축 사육, 바이오매스의 연소 등 다양한 인간 활동과 함께 생산된다.
- 아산화질소(N_2O) : 자연계에 존재하는 온실 가스 중 하나이나 화석연료의 연소, 자동차 배기가스, 질소비료의 사용으로도 생산된다. 이산화탄소에 비해 존재양은 매우 작으나, 지구온난화지수로 보면 300배 이상의 적외선 흡수 능력을 가진 온실가스이다.
- 수소불화탄소(HFCs) : 자연계에 존재하지 않으며 인위적으로 발생되는 온실가스로 에어컨, 냉장고의 냉매로 사용량이 급증하면서 온실가스를 일으키는 주범으로 지목받고 있다. 전체온실가스 배출량의 1%를 차지하며 매년 8 ~ 9% 증가되는 수소불화탄소는 이산화탄소보다 1,000배 이상의 온실효과를 가진다고 알려져 있다.
- 과불화탄소(PFCs) : 자연계에 존재하지 않으나 인위적으로 발생되는 온실가스로 반도체 제작공정과 알루미늄 제련 과정에서 발생한다. 지구온난화지수로 보면 과불화탄소는 이산화탄소에 비해 6,000 ~ 10,000 배 이상 강력한 온실가스이다.
- 육불화황(SF_6) : 수소불화탄소나 과불화탄소처럼 인간에 의해 생산 배출되는 온실가스로, 반도체나 전자제품 생산공정에서 발생한다. 그 효과는 이산화탄소보다 20,000 배 이상 강력하며 자연적으로 거의 분해되지 않아 대기 중에 3천년 이상의 존재시간이 예측되어 누적 시 지구온난화에 적지 않은 영향을 끼칠 것으로 예상된다.

6 4몰의 원소 X, 10몰의 원소 Y를 반응시켜 XY화합물 4몰 얻음, 2몰의 원소 Y가 남음
10몰의 Y 중 2몰이 남았으므로 총 8몰이 반응했음을 알 수 있다.
생성물은 4몰을 얻었으니 원소 Y와 생성물의 계수비는 8 : 4가 된다.
정리하면 2 : 1이 되므로 X가 1, Y가 2인 것을 찾으면 된다.

7 ㉠ 총괄성의 정의에 대한 설명이므로 옳은 설명이다.
㉡ 증기 압력은 NaCl 수용액의 반트호프계수는 2, 설탕 수용액이 반트호프계수는 1이다. 그러므로 설탕 수용액이 더 크다.
㉢ 끓는점 오름은 NaCl의 반트호프계수가 더 크므로 NaCl 수용액이 더 크다.
㉣ 어는점 내림은 NaCl의 반트호프계수가 더 크므로 NaCl 수용액이 더 크다.
※ 총괄성이란 용질 입자의 종류와 무관하고 수에 의존하는 용액의 물리적 성질을 말한다.

㉠ **증기 압력** : 증발 속도와 응축 속도가 같을 때 액체에 증기가 미치는 압력, 증기 압력을 나타내는 물질을 휘발성이 있다고 한다. 용질-용매 분자간 인력 때문에 비휘발성 용질의 농도가 클수록, 용매가 증기 상태로 탈출하는 것을 어렵게 만듦으로 용액의 증기압은 순수한 용매의 증기압보다 낮다.

㉡ **끓는점 오름** : 용액의 끓는점은 순수한 용매의 끓는점보다 더 높다. 용액은 순수한 용매보다 낮은 증기 압력을 가지므로 1atm의 증기 압력에 도달하기 위해 더 높은 온도가 필요하다.

㉢ **어는점 내림** : 순수한 용매에 용질을 첨가하여 용액을 만들면, 용액의 어는점이 용매의 어는점보다 낮아지는데, 이 현상을 말한다.

㉣ **삼투압** : 서로 다른 농도의 용액을 반투막 사이에 두면 삼투 현상이 발생하게 되는데, 이때 반투막에 발생하는 압력을 삼투압이라고 한다. 삼투현상을 멈추게 하는 데 필요한 압력을 의미한다.

정답 및 해설 5.③ 6.③ 7.②

8 고분자(중합체)에 대한 설명으로 옳은 것만을 모두 고르면?

> ㉠ 폴리에틸렌은 에틸렌 단위체의 첨가 중합 고분자이다.
> ㉡ 나일론-66은 두 가지 다른 종류의 단위체가 축합 중합된 고분자이다.
> ㉢ 표면 처리제로 사용되는 테플론은 C-F 결합 특성 때문에 화학약품에 약하다.

① ㉠　　② ㉠㉡
③ ㉡㉢　　④ ㉠㉡㉢

9 팔전자 규칙(octet rule)을 만족시키지 않는 분자는?

① N_2
② CO_2
③ F_2
④ NO

10 수용액에서 $HAuCl_4(s)$를 구연산(citric acid)과 반응시켜 금 나노입자 $Au(s)$를 만들었다. 이에 대한 설명으로 옳은 것만을 모두 고르면?

> ㉠ 반응 전후 Au의 산화수는 +5에서 0으로 감소하였다.
> ㉡ 산화-환원 반응이다.
> ㉢ 구연산은 환원제이다.
> ㉣ 산-염기 중화 반응이다.

① ㉠㉡　　② ㉠㉢
③ ㉡㉢　　④ ㉡㉣

8 ㉠ 첨가 중합이란 단위체의 이중 결합이 끊어지면서 연속적으로 첨가 반응을 하여 고분자 화합물이 만들어진다. 단위체의 탄소 원자 사이에 이중 결합이 존재하며, 중합 반응이 일어나는 동안 빠져나가는 분자는 없다.

$$n\ \mathrm{H_2C=CH_2} \xrightarrow{\text{첨가 중합}} \left[\mathrm{-CH_2-CH_2-}\right]_n$$

에틸렌 폴리에틸렌

폴리에틸렌의 합성

㉡ 나일론-66은 두 가지 다른 종류의 단위체가 탈수 축합 중합반응을 통해 만들어지며 사용되는 시약은 Hexa nediamine과 Adipoyl chloride이다.

㉢ 테플론은 불소와 탄소의 강력한 화학적 결합으로 인해 매우 안정된 화합물을 형성함으로써 거의 완벽한 화학적 비활성 및 내열성, 비점착성, 우수한 절연 안정성, 낮은 마찰계수 등을 가지므로 화학약품에 강하다.

9 NO는 옥텟 규칙 예외 화합물로 홀수 개의 전자를 가진 분자와 이온은 옥텟 규칙 예외에 해당된다.

우선 최외각전자를 전부 더해보면 $5+6=11$

질소와 산소를 단일결합으로 연결시킨 후 최외각전자의 총합에서 단일결합에 쓰인 전자수를 빼면

$11-2=9$

나머지 전자를 전기 음성도가 큰 순서대로 옥텟을 만족하도록 배치해 보면 최외각전자가 홀수 개인 질소는 옥텟 규칙을 만족할 수 없다.

$\dot{\mathrm{N}} = \ddot{\mathrm{O}}$ →NO 화합물은 총 원자가전자가 11개이므로 모든 원자가 옥텟 규칙을 만족할 수 없다.

10 우선 문제에서 나타내는 식을 세워보면 다음과 같다.

$2HAuCl_4 + 3C_6H_8O_7 \rightarrow 2Au + 3C_5H_6O_5 + 8HCl + 3CO_2$

• 산화 : $HAuCl_4 \rightarrow Au$

C의 산화수는 +1에서 +4로 증가, $C_6H_8O_7$은 산화되었다.

• 환원 : $C_6H_8O_7 \rightarrow CO_2$

Au의 산화수는 +3에서 0으로 감소, $HAuCl_4$는 환원되었다.

• 환원 : $C_6H_8O_7 \rightarrow C_5HsO_5$

C의 산화수는 +1에서 $+\frac{4}{5}$로 감소, $C_6H_8O_7$은 환원되었다.

㉠ 반응 전후 Au의 산화수는 +3에서 0으로 감소하였다.

㉡ 산화-환원 반응이다.

㉢ 구연산은 환원제이다.

㉣ 산과 염기가 만나 물을 형성하는 반응이 아니므로 산-염기 중화 반응과는 관계가 없다.

정답 및 해설 8.② 9.④ 10.③

11 전해질(electrolyte)에 대한 설명으로 옳은 것은?

① 물에 용해되어 이온 전도성 용액을 만드는 물질을 전해질이라 한다.
② 설탕($C_{12}H_{22}O_{11}$)을 증류수에 녹이면 전도성 용액이 된다.
③ 아세트산(CH_3COOH)은 KCl보다 강한 전해질이다.
④ NaCl 수용액은 전기가 통하지 않는다.

12 $CH_2O(g) + O_2(g) \rightarrow CO_2(g) + H_2O(g)$ 반응에 대한 $\Delta H°$ 값[kJ]은?

$CH_2O(g) + H_2O(g) \rightarrow CH_4(g) + O_2(g)$: $\Delta H° = +275.6kJ$
$CH_4(g) + 2O_2(g) \rightarrow CO_2(g) + 2H_2O(l)$: $\Delta H° = -890.3kJ$
$H_2O(g) \rightarrow H_2O(l)$: $\Delta H° = -44.0kJ$

① −658.7
② −614.7
③ −570.7
④ −526.7

13 화학 반응 속도에 영향을 주는 인자가 아닌 것은?

① 반응 엔탈피의 크기
② 반응 온도
③ 활성화 에너지의 크기
④ 반응물들의 충돌 횟수

14 다음 열화학 반응식에 대한 설명으로 옳지 않은 것은?

$2Mg(s) + O_2(g) \rightarrow 2MgO(s) \quad \Delta H° = -1,204kJ$

① 발열 반응
② 산화−환원 반응
③ 결합 반응
④ 산−염기 중화 반응

11 ① 전해질 : 물에 용해되어 이온 전도성 용액을 만드는 물질

② 물에 용해되기는 하나 전기 전도성이 전혀 없거나 전기 전도성이 매우 작은 용액을 만드는 물질을 비전해질이라 한다. 예를 들면, 설탕($C_{12}H_{22}O_{11}$)이나 자동차 유리 세정액인 methanol(CH_3OH)은 비전해질인데, 둘 다 분자성 물질이며, 이들 분자들은 물 분자와 섞일 수 있으므로 녹지만, 분자들이 전기적으로 중성이므로 전류를 통할 수 없다.

③ 아세트산(CH_3COOH)은 KCl보다 약한 전해질이다.

④ NaCl 수용액은 강전해질이므로 전기가 잘 통한다.

12 $CH_2O(g) + H_2O(g) \rightarrow CH_4(g) + O_2(g)$ $\Delta H^\circ = +275.6\text{kJ}$ ……①

$CH_4(g) + 2O_2(g) \rightarrow CO_2(g) + 2H_2O(l)$ $\Delta H^\circ = -890.3\text{kJ}$ ……②

$H_2O(g) \rightarrow H_2O(l)$ $\Delta H^\circ = -44.0\text{kJ}$ ……③

문제에 주어진 반응식을 위와 같이 ①②③이라고 하면

헤스의 법칙을 이용하여 문제에서 제시한 $CH_2O(g) + O_2(g) \rightarrow CO_2(g) + H_2O(g)$ 반응에 대한 ΔH°를 구할 수 있다.

① $CH_2O(g) + H_2O(g) \rightarrow CH_4(g) + O_2(g)$ $\Delta H^\circ = +275.6\text{kJ}$

② $CH_4(g) + 2O_2(g) \rightarrow CO_2(g) + 2H_2O(l)$ $\Delta H^\circ = -890.3\text{kJ}$ (①+②)

③ $H_2O(l) \rightarrow H_2O(g)$ $\Delta H^\circ = -44.0\text{kJ}$ (−2×③)

(역변환을 하면 −부호를 붙이며, 각 변에 n을 곱하면 ΔH°에도 n을 곱해야 한다.)

$$\Delta H^\circ = \Delta H_1 + \Delta H_2 - 2\times\Delta H_3$$
$$= 275.6 + (-890.3) - (2\times -44.0)$$
$$= -526.7\text{kJ}$$

13 반응 속도에 영향을 주는 인자

㉠ **활성화 에너지** : 활성화 에너지가 높으면 반응이 일어나기 힘들어 반응 속도가 느리고 활성화 에너지가 낮으면 반응이 일어나기 쉬워 반응 속도가 빨라진다.

㉡ **촉매** : 촉매를 사용하면 활성화 에너지에 변화를 주며, 화학 반응 시 소모되지 않고 반응 속도에 영향을 준다. 정촉매는 활성화 에너지를 낮춰 반응 속도를 빠르게 한다.

㉢ **온도** : 온도가 높으면 반응 속도가 빨라진다.

㉣ **농도** : 반응물의 농도가 높으면 반응 속도가 빨라진다. 농도가 크면 충돌수가 증가하고 유효충돌수가 증가하여 반응 속도가 빨라지는 것이다.

14 ① 반응물과 생성물이 가지는 엔탈피의 크기에 따라 정해진다. → 발열 반응은 '−' 부호를 가지고, 흡열 반응은 '+' 부호를 가진다.

② 전자의 이동이 있어야 산화−환원 반응으로 볼 수 있다.

$2Mg(s) + O_2(g) \rightarrow 2MgO(s)$

여기서 Mg는 전자 2개를 내어주고 Mg^{2+}가 되고, O_2는 전자 2개를 얻어 O^{2-}가 되어 서로 결합이 되었으므로 Mg는 산화되고, O_2는 환원된 것이다.

③ 두 원자 사이에 새로운 결합이 생성되는 반응은 발열 반응이고 결합 에너지만큼의 에너지가 방출된다.

④ 산−염기 중화 반응은 산성 물질과 염기성 물질이 반응하여, 일반적으로 염과 물이 형성되는 반응을 말한다.

정답 및 해설 11.① 12.④ 13.① 14.④

15 다음 설명 중 옳지 않은 것은?

① CO_2는 선형 분자이며 C의 혼성오비탈은 sp이다.
② XeF_2는 선형 분자이며 Xe의 혼성오비탈은 sp이다.
③ NH_3는 삼각뿔형 분자이며 N의 혼성오비탈은 sp^3이다.
④ CH_4는 사면체 분자이며 C의 혼성오비탈은 sp^3이다.

16 다음 그림은 $NOCl_2(g) + NO(g) \rightarrow 2NOCl(g)$ 반응에 대하여 시간에 따른 농도 $[NOCl_2]$와 $[NOCl]$를 측정한 것이다. 이에 대한 설명으로 옳은 것만을 모두 고르면?

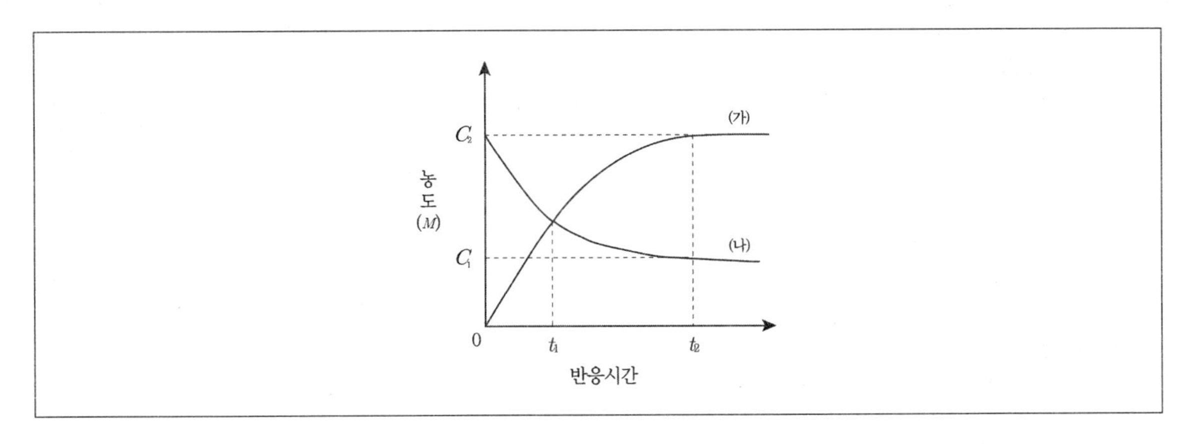

㉠ (가)는 $[NOCl_2]$이고 (나)는 $[NOCl]$이다.
㉡ (나)의 반응 순간 속도는 t_1과 t_2에서 다르다.
㉢ $\Delta_t = t_2 - t_1$ 동안 반응 평균 속도 크기는 (가)가 (나)보다 크다.

① ㉠　② ㉡
③ ㉢　④ ㉡㉢

17 $KMnO_4$에서 Mn의 산화수는?

① +1

② +3

③ +5

④ +7

15 XeF_2의 분자 구조는 결합원자만으로 판별을 하므로 선형이며, Xe는 8개의 원자가 전자를 가지고 있으며 F는 7개의 전자를 갖고 있어 XeF_2는 총 22개의 최외각 전자를 가지고 있다. 이것은 두 F가 모두 Xe 분자에 결합되어 Xe 분자에 3개의 공유되지 않은 쌍과 2개의 결합된 쌍을 제공해야 함을 의미한다.
비공유전자쌍이 들어갈 오비탈도 혼성오비탈임을 숙지하여야 한다.
Xe는 원자가전자수가 8개라서 F와 두 결합을 형성하면 공유전자 2쌍 외에도 3쌍의 비공유전자가 존재하게 된다. 6개의 공유/비공유 전자쌍을 가지게 되고 6개의 오비탈이 섞여서 sp^3d^2혼성오비탈을 가지게 된다.

16 ㉠ $NICl_2(g) + NO(g) \rightarrow 2NOCl(g)$의 반응이 진행되면 반응물은 감소하고 생성물은 증가한다.
㈎의 그래프는 시간이 경과할수록 농도가 증가하고, ㈏의 그래프는 시간이 지날수록 농도가 감소한다.
그러므로 ㈎는 생성물인 [NOCl]이고 ㈏는 반응물인 $[NOCl_2]$이다.
㉡ 반응 순간 속도는 그래프에서 볼 때 접선의 기울기이다. 접선의 기울기를 보면 t_1과 t_2에서의 기울기가 다름을 알 수 있다. 그러므로 t_1과 t_2에서의 반응 순간 속도는 다르다.
㉢ 반응 평균 속도는 t_1과 t_2일 때의 농도를 연결한 선의 기울기로 찾을 수 있다. 동일한 시간동안 ㈎가 ㈏보다 농도 변화가 더 큼을 알 수 있다. 또는 농도를 연결한 선의 기울기를 보면 ㈎가 ㈏보다 큼을 알 수 있다.

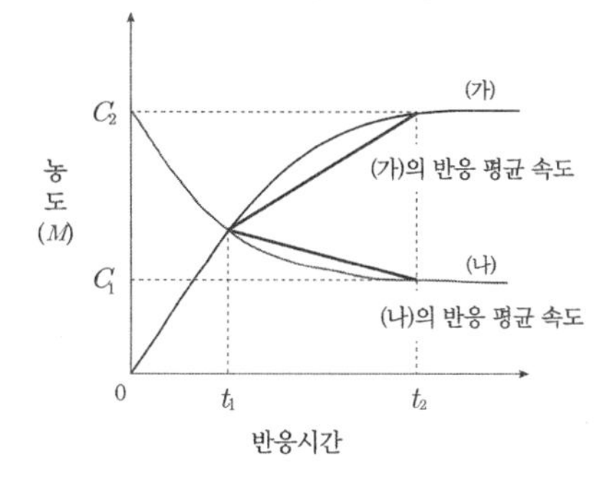

17 $KMnO_4(aq) \rightarrow K^+(aq) + MnO_4^-(aq)$
MnO_4 원자단 전체의 산화수 = 이온전하 = −1이므로
산화수를 계산하면
$Mn + 4(-2) = -1$
$Mn = +7$

정답 및 해설 15.② 16.④ 17.④

18 아세트산(CH_3COOH)과 사이안화수소산(HCN)의 혼합 수용액에 존재하는 염기의 세기를 작은 것부터 순서대로 바르게 나열한 것은? (단, 아세트산이 사이안화수소산보다 강산이다)

① $H_2O < CH_3COO^- < CN^-$

② $H_2O < CN^- < CH_3COO^-$

③ $CN^- < CH_3COO^- < H_2O$

④ $CH_3COO^- < H_2O < CN^-$

19 구조 (가)~(다)는 결정성 고체의 단위세포를 나타낸 것이다. 이에 대한 설명으로 옳은 것만을 모두 고르면?

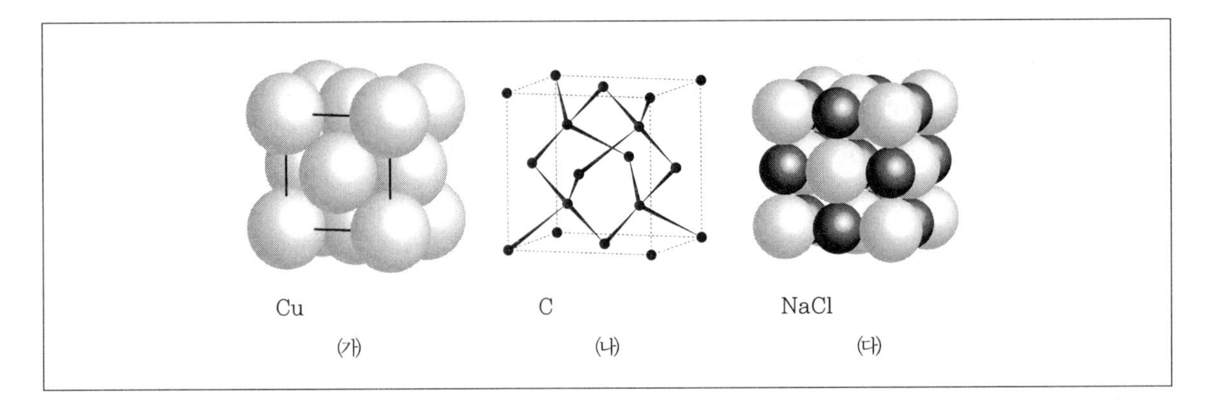

㉠ 전기 전도성은 (가)가 (나)보다 크다.
㉡ (나)의 탄소 원자 사이의 결합각은 CH_4의 H−C−H 결합각과 같다.
㉢ (나)와 (다)의 단위세포에 포함된 C와 Na^+의 개수 비는 1 : 2이다.

① ㉠ ② ㉢

③ ㉠㉡ ④ ㉠㉡㉢

20 팔면체 철 착이온 $[Fe(CN)_6]^{3-}$, $[Fe(en)_3]^{3+}$, $[Fe(en)_2Cl_2]^{+}$에 대한 설명으로 옳은 것만을 모두 고르면? (단, en은 에틸렌다이아민이고 Fe는 8족 원소이다)

> ㉠ $[Fe(CN)_6]^{3-}$는 상자기성이다.
> ㉡ $[Fe(en)_3]^{3+}$는 거울상 이성질체를 갖는다.
> ㉢ $[Fe(en)_2Cl_2]^{+}$는 3개의 입체이성질체를 갖는다.

① ㉠ ② ㉡
③ ㉢ ④ ㉠㉡㉢

---

18 산의 세기와 염기의 세기

㉠ 산의 세기 : $H_3O^+ > HF > CH_3COOH > HCN > H_2O > NH_3$

㉡ 염기의 세기 : $NH_2^- > OH^- > CN^- > CH_3COO^- > F^- > H_2O$

19 (가) Cu → 금속결정

(나) C → 원자결정, 공유결합, 정사면체 모양, 1개의 탄소 원자가 4개의 탄소 원자와 결합, 결합각은 109.5도

(다) NaCl → 이온결정, 면심입방 단위세포, 4개의 Cl^-와 4개의 Na^+로 결합

㉠ 금속결정은 전기 전도성을 띠나 공유결합은 전기 전도성을 띠지 않는다.

㉡ CH_4 분자에서 네 개의 수소 원자는 정사면체를 이루며 이 정사면체의 중심에 탄소 원자가 자리를 잡게 된다. 이 분자에서 결합각(H-C-H)은 109.5°이다. (나)는 다이아몬드로 결합각은 109.5°이다.

㉢ (나)의 단위세포를 보면 꼭짓점에 8개, 면 중앙에 6개, 단위세포 안에 4개가 존재한다. 꼭짓점에 있는 것은 구 전체가 들어있는 것이 아니라 1/8만큼 포함되어 있다는 것이므로 1/8의 구에 8개가 있으므로 탄소는 1개가 된다. 면 중앙에 위치하는 것 또한 구 전체가 아닌 1/2만큼이므로 1/2의 구에 6개가 있으므로 탄소는 총 3개가 된다. 단위세포에 안에 구 전체로 들어있는 것은 4개이므로 총 탄소의 개수는 8개이다.

(다)의 단위세포를 보면 나트륨이온은 모서리에 12개, 정중앙에 1개가 있다. 모서리에 있는 것은 구 전체가 들어있는 것이 아니라 1/4만큼 포함된 것이므로 1/4의 구에 12개가 있으므로 나트륨이온은 3개이다. 정중앙에 있는 것이 1개 있으므로 총 나트륨이온의 개수는 4개이다.

그러므로 개수 비는 2 : 1이 된다.

20 ㉠ 철의 전자배치

$_{26}Fe \rightarrow 1s^2 2s^2 2p^6 3s^2 3p^6 4s^2 3d^6$

$_{26}Fe^{3+} \rightarrow 1s^2 2s^2 2p^6 3s^2 3p^6 3d^5$

여기서 철의 전자배열을 보면 $4s$ 오비탈의 전자 개수는 2개, $3d$ 오비탈의 전자 개수는 6개이다.

그런데 철의 산화수가 +3이므로 d 오비탈에는 5개의 전자만 남게 된다.

CN^-는 강한장 리간드이므로 low spin 배치에 따르게 되어 1개의 홀전자만 남는다.

그러므로 상자기성이다.

㉡ $[Fe(en)_3]^{3+}$은 $M(en)_3$으로 이 착이온은 단 1개의 시스 형태의 이성질체를 가지게 되어 광학 이성질체 즉, 거울상 이성질체를 갖는다.

㉢ $[Fe(en)_2Cl_2]^{+}$는 $M(en)_2A_2$이므로 이 착이온은 염소원자가 트랜스 배치인 경우, 염소원자가 시스 배치인 경우, 염소가 시스 배치인 경우의 거울상 이성질체 이렇게 3개의 입체 이성질체를 갖는다.

정답 및 해설 18.① 19.③ 20.④

2019 | 6월 15일 | 제2회 서울특별시 시행

1 $^{19}_{9}F^-$**의 양성자, 중성자, 전자 수가 바르게 적힌 것은?**

① 양성자 : 9, 중성자 : 10, 전자 : 9
② 양성자 : 10, 중성자 : 9, 전자 : 9
③ 양성자 : 10, 중성자 : 9, 전자 : 10
④ 양성자 : 9, 중성자 : 10, 전자 : 10

2 **〈보기〉는 수소와 질소가 반응하여 암모니아를 만드는 화학 반응식이다. 이에 대한 설명으로 가장 옳은 것은? (단, 수소 원자량은 1.0g/mol, 질소 원자량은 14.0g/mol이다.)**

〈보기〉

$$3H_2(g) + N_2(g) \rightarrow 2NH_3(g)$$

① 암모니아를 구성하는 수소와 질소의 질량비는 3 : 14이다.
② 암모니아의 몰질량은 34.0g/mol이다.
③ 화학 반응에 참여하는 수소 기체와 질소 기체의 질량비는 3 : 1이다.
④ 2몰의 수소 기체와 1몰의 질소 기체가 반응할 경우 이론적으로 2몰의 암모니아 기체가 생성된다.

3 물에 1몰이 녹았을 때 1몰의 A^{2+}와 2몰의 B^- 이온으로 완전히 해리되는 미지의 고체 시료 AB_2를 생각해 보자. AB_2 15g을 물 250g에 녹였을 때 물의 끓는점이 1.53K 증가함이 관찰되었다. AB_2의 몰질량[g/mol]은 얼마인가? (단, 물의 끓는점 오름 상수(K_b)는 0.51K · kg · mol^{-1}로 한다.)

① 30　　② 40
③ 60　　④ 80

---

1 ${}^{A}_{Z}X^{M}$으로 놓고 보면 A는 질량수(= 양성자 수 + 중성자 수), Z는 원자번호 = 양성자 수, M은 이온이 되었을 때의 전하를 나타낸다.
문제에서 제시된 ${}^{19}_{9}F^-$를 보면 우선 19는 질량수, 9는 양성자 수
그러므로 중성자 수는 19 − 9 = 10
전자 수는 1가 음이온이므로 양성자 수에 +1를 해주면 된다.
양성자 수는 9, 중성자 수는 10, 전자 수는 10이 된다.

2 $3H_2(g) + N_2(g) \rightarrow 2NH_3(g)$
반응식을 보면 N_2 1몰당 H_2 3몰이 반응하여 NH_3 2몰을 생성한다.
암모니아를 구성하는 수소와 질소의 질량비는 NH_3 → 14 : 3에서 3 : 14이다.
암모니아의 몰질량은 14 + 3 = 17g/mol이다.
화학 반응에 참여하는 수소 기체와 질소 기체의 질량비는 3 : 14이다.
2몰의 수소 기체와 1몰의 질소 기체가 반응할 경우 생성되는 암모니아는 $\frac{4}{3}$몰이다.
($N_2 = \frac{2}{3}$몰, $H_2 = 2$몰이 반응하므로)

3 $AB_2 \rightarrow A^{2+} + 2B^-$
몰랄 오름 상수와 끓는점 오름을 비교해 보면 $0.51K : 1.53K = 1 : 3$
위 식을 살펴보면 1몰이 이온화될 경우 3몰을 효과가 나타나므로

$$m = \frac{\frac{15}{M}}{250} = \frac{15}{250M}$$

$$\Delta T_b = K_b \times m \times i$$

$$1.53 = 0.51 \times \frac{15}{250M} \times 3$$

$M = 0.06$kg이므로 변환하면 60g

정답 및 해설 1.④ 2.① 3.③

4 $-d[W]/dt = k[W]^2$로 반응속도가 표현되는 화학종 W를 포함하는 화학 반응에 대하여, 가장 반감기를 짧게 만들 수 있는 방법으로 옳은 것은?

① W의 초기 농도를 3배로 높인다.
② 속도상수 k를 3배로 크게 한다.
③ W의 초기 농도를 10배로 높인다.
④ 속도상수 k와 W의 초기 농도를 각각 3배로 크게 한다.

5 암모니아의 합성 반응이 〈보기〉에 제시되었으며, 특정 실험 온도에서 K값이 6.0×10^{-2}으로 알려져 있다. 해당 온도에서 초기 농도가 $[N_2] = 1.0M$, $[H_2] = 1.0 \times 10^{-2}M$, $[NH_3] = 1.0 \times 10^{-4}M$일 때, 평형에 도달하기 위해 화학 반응이 이동하는 방향을 예측한다면?

〈보기〉

$$N_2(g) + 3H_2(g) \rightleftarrows 2NH_3(g)$$

① 정반응과 역반응 모두 일어나지 않는다.
② 정반응 방향
③ 역반응 방향
④ 정반응과 역반응의 속도가 같다.

6 25℃에서 어떤 수용액의 $[H^+] = 2.0 \times 10^{-5}M$일 때, 이 용액의 $[OH^-]$ 값[M]으로 옳은 것은?

① 2.0×10^{-5}
② $3.0 \times 10^{-}$
③ 4.0×10^{-8}
④ 5.0×10^{-10}

4 $V = \frac{-d[W]}{dt} = k[W]^2$ → 2차 반응

2차 반응은 적분해서 나온 농도의 역수 값이 1차 함수로 나온다.

반감기는 $[W]_t = \frac{1}{2 \times [W]_0}$를 넣고 정리를 하면

$\frac{d[W]}{[W]^2} = -kdt \rightarrow -\frac{1}{[W]_t} + \frac{1}{[W]_0} = -kt$

$t = \frac{1}{k[W]_0}$, 초기 농도에 반비례한다.

초기 농도를 증가시키면 반감기는 감소하므로 초기 농도가 가장 큰 것은 ③이 된다.

5 문제에서 제시한 식을 정리해 보면

$N_2 + 3H_2 \rightleftarrows 2NH_3$

$N_2 = 1.0M$, $H_2 = 1.0 \times 10^{-2}M$, $NH_3 = 1.0 \times 10^{-4}M$

평형상수 $K = 6.0 \times 10^{-2} = 0.06$

반응지수 Q를 구해보면

$aA + bB \rightleftarrows cC + dD \rightarrow K_c = Q = \frac{[C]^c[D]^d}{[A]^a[B]^b} = \frac{[NH_3]^2}{[N_2][H_2]^3}$

$= \frac{(1.0 \times 10^{-4})^2}{1.0 \times (1.0 \times 10^{-2})^3} = \frac{1.0 \times 10^{-8}}{1.0 \times 1.0 \times 10^{-6}} = \frac{1}{100} = 0.01$

$0.06 > 0.01 = K > Q$이다.

$K > Q$이므로 정반응 방향으로 이동한다.

※ 온도가 일정하게 유지되었을 때 평형상수는 같으므로 평형상수 K와 평형상수 식에 처음 농도를 대입해서 계산한 반응지수 Q를 비교하면 반응의 진행방향을 알 수 있다.

- 평형 농도 대입 → 평형상수 K
- 현재 농도 대입 → 반응지수 Q

$Q < K$	평형상태>임의의 농도	정반응	정반응 속도>역반응 속도
$Q = K$	평형상태=임의의 농도	평형 유지	정반응 속도=역반응 속도
$Q > K$	평형상태<임의의 농도	역반응	정반응 속도<역반응 속도

6 해리상수 K_a는 주어진 일정량의 산이 물에서 해리될 때 방출되는 수소 이온의 양을 말한다.

공식으로 나타내면 $K_a = [H^+][OH]^- = 10^{-14}$

문제에서 주어진 $[H^+] = 2.0 \times 10^{-5}M$이라고 하였으므로

구해야 하는 $[OH^-] = \frac{K_a}{[H^+]} = \frac{10^{-14}}{2.0 \times 10^{-5}} = 5 \times 10^{-10}$

정답 및 해설 4.③ 5.② 6.④

7 외벽이 완전히 단열된 6kg의 철 용기에 담긴 물 23kg이 20℃의 온도에서 평형상태에 존재한다. 이 물에 온도가 70℃인 10kg의 철 덩어리를 넣고 평형에 도달하게 하였을 때 물의 최종 온도[℃]는? (단, 팽창 또는 수축에 의한 영향은 무시한다. 모든 비열은 온도에 무관하다고 가정하며, 물의 비열은 $4kJ \cdot kg^{-1} \cdot ℃^{-1}$, 철의 비열은 $0.5kJ \cdot kg^{-1} \cdot ℃^{-1}$로 한다.)

① 20
② 22.5
③ 25
④ 27.5

8 $KOH(aq)$와 $Fe(NO_3)_2(aq)$의 균형이 맞추어진 화학 반응식에서 반응물과 생성물의 모든 계수의 합은?

① 3
② 4
③ 5
④ 6

9 〈보기〉의 물질 중 입체수(SN, steric number)가 다른 물질은?

〈보기〉

㉠ SF_4
㉡ CF_4
㉢ XeF_2
㉣ PF_5

① ㉠
② ㉡
③ ㉢
④ ㉣

7 열량=비열×질량×온도변화이므로 $Q = cmt$

문제에서 보면 열평형상태라고 하였으므로 $Q_1 + Q_2 = Q_3$

대입하여 계산하면

$0.5 \times 60 \times (t-20) + 4 \times 23 \times (t-20) = 0.5 \times 10 \times (70-t)$

$100t = 2,250$

$t = 22.5$ ℃

8 KOH(*aq*)와 $Fe(NO_3)_2$(*aq*)의 균형 맞춘 화학 반응식은 다음과 같다.

$Fe(NO_3)_2(aq) + 2KOH(aq) = Fe(OH_2)(s) + 2KNO_3(aq)$

$Fe^{2+} + 2NO_3^- + 2K^+ + 2OH^- = Fe(OH)_2 + 2K^+ + 2NO_3^-$

반응물과 생성물의 모든 계수의 합은 6이다.

※ $Fe(NO_3)_2 + KOH \rightarrow Fe^{+3} + 3(OH)^{-1} \rightarrow Fe(OH_3)(s)$

여기서 NO_3^{-1}과 K^{+1}은 구경꾼 이온이다.

9 SF_4, CF_4, XeF_2, PF_5의 비교

물질명	결합원자의 수	비공유전자쌍 수	결합형태
SF_4	4	1	시소형
CF_4	4	0	정사면체
XeF_2	2	3	선형
PF_5	5	0	삼각쌍뿔

※ SN … 중심 원자에 결합되어 있는 원자 수 + 중심 원자의 고립 전자쌍 수

정답 및 해설 7.② 8.④ 9.②

10 **완충 용액에 대한 설명 중 가장 옳지 않은 것은?**

① 완충 용액은 약산과 그 짝염기의 혼합으로 만들 수 있다.

② 완충 용액은 약염기와 그 짝산의 혼합으로 만들 수 있다.

③ 완충 용액은 센 산(strong acid)이나 센 염기(strong base)가 조금 가해졌을 때 pH가 잘 변하지 않는다.

④ 완충 용량은 pH가 완충 용액에서 사용하는 약산의 pK_a에 근접할수록 작아진다.

11 **〈보기〉에 제시된 이상 기체 및 실제 기체에 대한 방정식을 설명한 것으로 가장 옳지 않은 것은?**

〈보기〉
이상 기체 방정식 : $PV=nRT$
실제 기체 방정식 : $[P+a(n/V)^2]\times(V-nb)=nRT$

① 실제 기체 입자들 사이에서 작용하는 인력을 고려할 때, 일정한 압력에서 온도가 낮을수록 실제 기체는 이상 기체에 가까워진다.

② 실제 기체 입자들 사이에서 작용하는 인력을 보정하기 위해 P대신 $[P+a(n/V)^2]$를 사용한다.

③ 실제 기체는 기체 입자가 부피를 가지고 있으므로 이를 보정하기 위해 V대신 $V-nb$를 사용한다.

④ 실제 기체는 낮은 압력일수록 이상 기체에 근접한다.

12 **HSO_4^-($K_a=1.2\times10^{-2}$), HNO_2($K_a=4.0\times10^{-4}$), $HOCl$($K_a=3.5\times10^{-8}$), NH_4^+($K_a=5.6\times10^{-10}$) 중 1M의 수용액을 형성하였을 때 가장 높은 pH를 보이는 일양성자산은?**

① HSO_4^-

② NH_4^+

③ $HOCl$

④ HNO_2

10 완충 용액은 약산과 짝염기의 혼합, 약염기와 짝산의 혼합으로 만들 수 있다.
완충 용량은 외부로부터 들어오는 산, 염기에 대해 저항(pH 변화가 작게)할 수 있는 정도를 말한다.
부피가 일정할 경우 농도가 높을수록 완충 용량은 커지며, 약산과 짝염기의 농도가 같을 때 완충 용량은 최대가 된다.
$pK_a = \text{pH}$일 때 최대완충용량을 나타낸다.

$$\text{pH} = pK_a + \log\frac{[\text{염기}]}{[\text{산}]}$$

완충 범위는 완충 효과를 나타내는데 최대 완충 용량을 나타내는 $pK_a = \text{pH}$인 지점에 가까울수록 완충 용량은 커진다.
※ **완충 용액이 효과적으로 작용할 수 있는 pH의 범위** … $\text{pH} = pK_a \pm 1$

11 ① 압력이 크게 높아져 분자간 거리가 가까워지는 경우, 온도가 크게 낮아져 분자의 운동속도가 아주 낮아지는 경우, 분자량이 아주 큰 경우에는 이상기체에서 벗어나게 된다.
② $\left(P + \frac{an^2}{V^2}\right)$은 보정항인 $+a\left(\frac{n^2}{V^2}\right)$을 가산하여 보정한 보정된 압력을 말한다.
③ $V - nb$는 보정항인 $-nb$를 가산하여 보정한 보정된 체적을 말한다.
④ **실제 기체가 이상 기체 방정식에 잘 적용되는 조건**: 실체 기체의 온도가 높을수록, 압력이 낮을수록, 분자 간 인력이 작을수록, 분자량이 작을수록 이상 기체 상태 방정식에 잘 적용된다.

12 K_a의 값이 높을수록 pH가 작을수록 강산에 해당한다.
그러므로 K_a값이 가장 작은 것이 pH가 높은 것이 되므로 암모늄이온이 해당된다.

정답 및 해설 10.④ 11.① 12.②

13 약산인 아질산(HNO_2)은 0.23M의 초기 농도를 갖는 수용액일 때 2.0의 pH를 갖는다. 아질산의 산 이온화 상수(acid ionization constant)인 K_a는?

① 1.8×10^{-5}
② 1.7×10^{-4}
③ 4.5×10^{-4}
④ 7.1×10^{-4}

14 어떤 동핵 이원자 분자(X_2)의 전자 배치는 〈보기〉와 같다. 이 분자의 결합 차수는 얼마인가?

〈보기〉

$$(\sigma_{2s})^2(\sigma^*_{2s})^2(\sigma_{2p})^2(\pi_{2p})^4(\pi^*_{2p})^4$$

① 1
② 1.5
③ 2
④ 2.5

15 PCl_3 분자의 VSEPR 구조와 PCl_3 분자에서 P 원자의 형식 전하를 옳게 짝지은 것은?

① 삼각평면 / + 1
② 삼각평면 / 0
③ 사면체 / +1
④ 사면체 / 0

13 약산 HNO_2 수용액의 초기 농도 0.23M, pH = 2.0이므로

$HNO_2 \rightleftarrows H^+ + NO_2^-$

$$K_a = \frac{[H^+][NO_2^-]}{[HNO_2]} = \frac{x \times x}{0.23 - x}$$

평형상수 식에서 $x = H^+$이므로

$pH = -\log[H^+] = 2.0$

$[H^+] = 10^{-2.0} = 0.01$

$0.23 - x = 0.23 - 0.01 = 0.22$

$$K_a = \frac{(0.01)^2}{0.22} = 4.545 \times 10^{-4} = 4.5 \times 10^{-4}$$

※ 또 다른 풀이

0.23M

HA → H^+ + A^-

$0.23 - x$ → x x

$pH = -\log x = 2.0 \rightarrow x = 10^{-2.0} = 0.01$

$[HA] = 0.23 - x = 0.23 - 0.01 = 0.22$

$$K_a = \frac{[H^+][A^-]}{[HA]} = \frac{(0.01)^2}{0.22} = 4.5454 \times 10^{-4} = 4.5 \times 10^{-4}$$

14 $(\sigma_{2s})^2(\sigma^*_{2s})^2(\sigma_{2p})^2(\pi_{2p})^4(\pi^*_{2p})^4$

결합 차수 $= \frac{1}{2}$(결합 전자수 − 반결합 전자수)

$= \frac{1}{2} \times (8-6) = 1$

15

PCl → (Lewis structure: :Cl — P — Cl: with :Cl: below P) →

비공유전자쌍 1개, 공유전자쌍 3개

입체수가 4개이므로 사면체 구조이다.

원자가전자 수의 합 $= 5 + (3 \times 7) = 26$

원자가전자 수의 합에서, 단일 결합 1개당 전자 2개씩을 빼면 $26 - (3 \times 2) = 20$

위의 남은 원자가전자 수의 합에서 전자쌍만큼 전자수를 빼면 $20 - (3 \times 6) = 2$

형식전하 = 원자가전자 수 − (공유전자의 수/2 + 비공유전자 수)

$$5 - \left(\frac{6}{2} + 2\right) = 0$$

정답 및 해설 13.③ 14.① 15.④

16 다음 중에서 가장 작은 이온 반지름을 가지는 이온은?

① F^-
② Mg^{2+}
③ O^{2-}
④ Ne

17 탄소[$C(s)$], 수소[$H_2(g)$], 메테인[$CH_4(g)$]의 연소 반응(생성물은 기체 이산화탄소와 액체 물 또는 두 물질 중 하나임.)은 각각 순서대로 390kJ/mol, 290kJ/mol, 890kJ/mol의 열을 방출하는 반응이다. 〈보기〉 반응에서 방출하는 열[kJ/mol]은?

〈보기〉

$$C(s) + 2H_2(g) \rightarrow CH_4(g)$$

① 80
② 210
③ 1,570
④ 1,860

18 미지의 화학종 A가 포함된 두 가지 반쪽반응의 표준환원 전위($E°$)는 각각 $E°(A^{2+}|A) = +0.3V$와 $E°(A^+|A) = +0.4V$이다. 이를 바탕으로 계산한 $E°(A^{2+}|A^+)$ 값[V]은?

① +0.2
② +0.1
③ −0.1
④ −0.2

16 • 같은 족 : 원자번호가 클수록 전자껍질 수가 증가하므로 이온 반지름은 증가한다.

• 같은 주기 : 전하의 종류가 같으면 원자번호가 커질수록 이온 반지름은 감소한다. 원자번호가 커질수록 전자껍질의 수가 증가 없이 원자핵의 양전하가 커지기 때문이다.

문제에서 보면 O^{2-}, F^{-}, Ne, Mg^{2+}를 제시하였으므로

O^{2-} : 원자번호 8, 전자를 1개 얻었으므로 전자 수는 10개

F^{-} : 원자번호 9, 전자를 1개 얻었으므로 전자 수는 10개

Ne : 원자번호 10, 아무것도 없으므로 전자 수는 10개

Mg^{2+} : 원자번호 12, 전자를 2개 잃었으므로 전자 수는 10개

양성자의 수가 가장 작은 O^{2-}가 반지름이 가장 크고, 가장 많은 Mg^{2+}가 반지름이 가장 작다.

원자반지름		원자반지름 → 감소							
	족 / 주기	1	2	13	14	15	16	17	18
↓	1	$_1H$							$_2He$
	2	$_3Li$	$_4Be$	$_5B$	$_6C$	$_7N$	$_8O$	$_9F$	$_{10}Ne$
증가	3	$_{11}Na$	$_{12}Mg$	$_{13}Al$	$_{14}Si$	$_{15}P$	$_{16}S$	$_{17}Cl$	$_{18}Ar$
	4	$_{19}K$	$_{20}Ca$						

17 제시된 탄소[$C(s)$], 수소[$H_2(g)$], 메테인[$CH_4(g)$]의 연소 반응식을 각각 ①②③으로 정리하면

① $C(s) + O_2(g) \rightarrow CO_2(g)$ $\quad Q_1 = 390\,kJ/mol$

② $H_2(g) + \frac{1}{2}O_2(g) \rightarrow H_2O(l)$ $\quad Q_2 = 290\,kJ/mol$

③ $CH_4(g) + 2O_2(g) \rightarrow CO_2(g) + 2H_2O(l)$ $\quad Q_3 = 890\,kJ/mol$

$C(s) + 2H_2(g) \rightarrow CH_4(g)$의 반응열을 구하면

①은 그대로, ②에는 반응식에 2를 곱하므로 엔탈피도 곱하기 2하여야 하며, ③은 역반응이므로 부호가 −로 변경된다.

그러면 $Q_1 + 2 \times Q_2 - Q_3$가 된다.

$390 + 2 \times 290 - 890 = 80\,kJ/mol$

18 $A^{2+} + 2e^{-} \rightarrow A$ $\quad E° = +0.3V \quad G_1$

$A^{+} + e^{-} \rightarrow A$ $\quad E° = +0.4V \quad G_2$

두 식을 계산하면

$A^{2+} + 2e^{-} \rightarrow A$

$A \rightarrow A^{+} + e^{-}$ $\quad$ (−로 변경)

$A^{2+} + e^{-} \rightarrow A^{+}$

$\Delta G° = -nFE°$ 전지에서 n은 전자반응에서 이동하는 전자의 수이므로 각각 2와 1이 된다.

$G = G_1 - G_2$

$-nFE° = (-2 \times F \times 0.3) - (-1 \times F \times 0.4)$

$-FE° = -0.6F + 0.4F = -0.2F$

$E° = 0.2$

정답 및 해설 16.② 17.① 18.①

19 S^{2-} 이온의 전자 배치를 옳게 나타낸 것은?

① $1s^2 2s^2 2p^6 3s^2 3p^4$

② $1s^2 2s^2 2p^6 3s^2 3p^6$

③ $1s^2 2s^2 2p^6 3s^2 3p^4 3d^2$

④ $1s^2 2s^2 2p^6 3s^2 3p^4 4s^2$

20 강산인 0.10M HNO_3용액 0.5L에 강염기인 0.12M KOH용액 0.5L를 첨가하였다. 반응이 완료된 후의 pH는? (단, 생성물로 생기는 물의 부피는 무시한다.)

① 6

② 8

③ 10

④ 12

19 S 원소의 전자배치 ⋯ $1s^2 2s^2 2p^6 3s^2 3p^4$

S^{2-} 이온의 전자배치는 전자를 2개 얻었으므로 $3p$ 버금준위를 2개 채워야 한다.

$1s^2 2s^2 2p^6 3s^2 3p^6$

20 $HNO_3 + KOH \rightarrow KNO_3 + H_2O$

$H^+ + OH^- \rightarrow H_2O$

$M^o(V + V') = nMV - n'M'V'$

여기서, n, n'는 산, 염기의 가수, M, M'는 산, 염기의 몰농도, V, V'는 산, 염기의 부피이다.

$M^o(0.5 + 0.5) = 1 \times 0.1 \times 0.5 - 1 \times 0.12 \times 0.5$

$M^o = -0.01$

$HNO_3 < KOH$이므로 $M^o = [OH^-]$

$pOH = -\log[OH^-] = -\log[10^{-2}] = 2$

$pH = 14 - pOH = 14 - 2 = 12$

정답 및 해설 19.② 20.④

2019 10월 12일 | 제3회 서울특별시 시행

1 〈보기〉는 몇 가지 입자를 모형으로 나타낸 것이다. ㈎~㈐에 대한 설명으로 가장 옳은 것은?

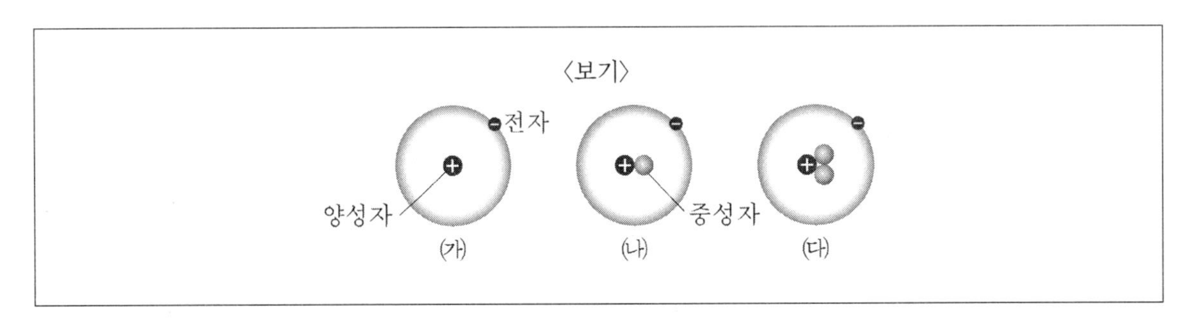

① ㈎는 양이온이다.

② ㈏의 질량수는 1이다.

③ ㈎와 ㈐의 물리적 성질은 같다.

④ ㈎~㈐는 서로 동위 원소 관계이다.

2 0.3M 황산(H_2SO_4) 수용액 200mL를 완전히 중화시키는 데 수산화칼륨(KOH) 수용액 300mL가 사용되었다. 사용된 수산화칼륨(KOH) 수용액의 몰 농도 값[M]은?

① 0.25M

② 0.3M

③ 0.35M

④ 0.4M

3 1족인 알칼리 금속의 성질에 대한 설명으로 가장 옳은 것은?

① 알칼리 금속은 반응성이 커서 기체 상태의 금속 원자가 전자를 방출하고 양이온이 되는 발열반응을 보인다.
② 주기가 큰 알칼리 금속일수록 핵전하들 사이의 반발력이 증가하여 원자반지름이 작아진다.
③ 같은 주기의 다른 원소들과 비교하여 원자반지름이 큰 것은 전자 간 반발력이 크기 때문이다.
④ 원자가 전자와 핵과의 거리가 먼 알칼리 금속일수록 이온화 에너지 값이 감소한다.

1 ㈎ $_{1}H$ → 수소
㈏ $^{2}_{1}H$ → 중수소
㈐ $^{3}_{1}H$ → 삼중수소
㈎㈏㈐는 양성자 수는 같으나 중성자 수가 달라 질량수가 다른 원소인 동위 원소에 해당한다.

2 $MV = M'V'$
H^+의 몰수 = OH^-의 몰수
H_2SO_4는 이양성자산으로 H^+의 농도는 산 농도의 2배이다.
구하고자 하는 수산화칼륨의 몰 농도는 x로 하여 위 식에 대입을 해 보면
$2 \times 0.3 \times 200 = x \times 300$
$x = 0.4$

3 1족(알칼리금속) 원소(Li, Na, K)에서 원자가 전자 1개를 떼어낼 때 필요한 이온화 에너지는 해당 원소의 주기가 증가할수록 작아진다. 그러한 경향성을 갖는 가장 주요한 이유는 원소를 이루는 전자껍질(주양자수)의 수가 클수록, 핵과 원자가 전자 사이의 거리가 증가하여 서로의 인력이 줄어들기 때문이다.
※ 알칼리 금속의 성질
㉠ 원자번호가 클수록(주기가 커질수록) 반응성이 크다.
㉡ 공기 중 산소와 반응할 때 열이 발생(발열반응, 전자기파 방출)하는데, 5주기 이상의 원소들은 반응성이 워낙 커 높은 에너지의 전자기파를 방출하므로 불꽃이나 폭발의 형태로 보인다.
㉢ 전자 하나를 잃어 +1가의 양이온이 되기 쉽다.
㉣ 공기 중에서 쉽게 산화되며, 물과 폭발적 반응을 한다.
㉤ 주기율표상 1족 원소이다.

정답 및 해설 1.④ 2.④ 3.④

4 암모니아(NH_3) 수용액에 염화암모늄(NH_4Cl)을 첨가하면, 첨가하기 전보다 그 양이 감소하는 분자(또는 이온)는? (단, 온도는 일정하다.)

① NH_3

② NH_4^+

③ OH^-

④ H_3O^+

5 〈보기〉의 물질에서 밑줄 친 원자의 산화수를 모두 합한 값은?

〈보기〉

$Li_2\underline{C}O_3$ $Ca\underline{H}_2$ $\underline{K}_2O$ $H_2\underline{O}_2$ $Cu(\underline{N}O_3)_2$

① +7

② +8

③ +9

④ +10

4 NH_3-NH_4Cl

NH_4^+ → 약염기, NH_3의 짝산

Cl^- → 강산, HCl의 음이온

NH_4Cl → 짝산 + 강산의 음이온으로 된 염

$NH_3 + H_2O \rightleftarrows NH_4^+ + OH^-$

$NH_4Cl \rightarrow NH_4^+ + Cl^-$

$H^+ + NH_3 \rightarrow NH_4^+$

$NH_3 + HsO \leftarrow NH_4^+ + OH^-$

르샤틀리에의 원리에 따라 약염기의 이온화반응의 역반응이 일어나 OH^-가 소모된다.

5 Li_2CO_3 → Li의 산화수 +1, O의 산화수 -2이므로

$2(Li) + (C) + 3(O) = 0$

$2(1) + (C) + 3(-2) = 0$

$\therefore C = +4$

CaH_2 → Ca의 산화수 +2이므로

$Ca + 2(H) = 0$

$2 + 2(H) = 0$

$\therefore H = -1$

K_2O → O의 산화수 -2이므로

$2(K) + (O) = 0$

$2(K) - 2 = 0$

$\therefore K = +1$

H_2O_2 → H의 산화수 +1이므로

$2(H) + 2(O) = 0$

$2(1) + 2(O) = 0$

$\therefore O = -1$

$Cu(NO_3)_2$ → Cu의 산화수 +2, NO_3의 산화수 -1이므로

$Cu + 2(NO_3) = 0$

$Cu + 2(-1) = 0$

$Cu = +2$

NO_3^- → O의 산화수 -2이므로

$N + 3(O) = -1$

$N + 3(-2) = -1$

$\therefore N = +5$

모든 산화수를 다 합하면

$+4 - 1 + 1 - 1 + 5 = +8$

정답 및 해설 4.③ 5.②

6 〈보기〉는 주기율표의 일부를 나타낸 것이다. 이에 대한 설명으로 가장 옳은 것은? (단, A～D는 임의의 원소기호이다.)

〈보기〉

주기 \ 족	1	2	13	14	15	16	17	18
1	A							
2			B				C	
3	D							

① 전기 음성도는 B가 C보다 크다.

② 끓는점은 화합물 AC가 DC보다 높다.

③ BC_3에서 B는 옥텟 규칙을 만족하지 않는다.

④ C와 D는 공유 결합을 통해 화합물을 형성한다.

7 이상 기체 상태 방정식에 잘 맞는 기체 일정량을 부피가 변하지 않는 밀폐된 용기에 담고 절대 온도를 2배로 올렸다. 이 기체에서 일어나는 변화로 가장 옳지 않은 것은?

① 기체의 압력이 2배로 증가한다.

② 기체의 분자 간 평균거리가 1/2로 줄어든다.

③ 기체의 평균운동에너지가 2배로 증가한다.

④ 기체 분자의 평균운동속도는 증가한다.

8 〈보기〉와 같이 요소(NH_2CONH_2)는 물(H_2O)과 반응하여 암모니아(NH_3)와 이산화탄소(CO_2)를 생성한다. 암모니아 10몰이 생성되었을 때 반응한 요소의 질량(g)은? (단, H, C, N, O의 원자량은 각각 1, 12, 14, 16이다.)

> 〈보기〉
>
> $NH_2CONH_2 + H_2O \rightarrow 2NH_3 + CO_2$

① 60g
② 150g
③ 300g
④ 600g

---

6 ① 주기율표 상 각 원소들의 전기음성도는 주기율표의 오른쪽, 위로 갈수록 크다. 그러므로 C가 더 크다.
② 끓는점은 주기가 증가할수록 원자량이 증가하고, 수소화합물의 분자량도 증가하게 된다. 분산력은 분자량에 비례하므로 분자량이 클수록 끓는점은 증가한다. DC가 AC보다 높다.
④ C와 D는 공유 결합이 아닌 이온 결합으로 화합물을 생성한다.
A : H, B : B, C : F, D : Na이다.

7 $PV = kT$ (P : 압력, V : 부피, k : 상수, T : 절대 온도)
절대 온도가 2배가 되면 압력은 2배로 증가한다.
기체 분자의 평균운동에너지는 기체의 종류에 관계없이 절대 온도에 비례한다.
여기서 절대 온도를 2배로 하였으므로 평균운동에너지도 2배가 된다.
기체의 절대 온도가 2배가 되면 운동에너지는 2배가 되며, 평균운동에너지 $E = \frac{1}{2}mv^2$이므로 온도가 2배가 되더라도 질량은 변화가 없으므로 평균운동속도는 $\sqrt{2}$ 배가 된다.
분자 간 평균거리는 부피당 입자수로 구하므로 부피가 일정하고 몰수의 변화가 없으므로 분자간 평균거리는 동일하다.

8 질소 기체와 수소 기체와의 반응에서의 암모니아 생성 화학식
$N_2 + 3H_2 \rightarrow 2NH_3$
암모니아와 이산화탄소와의 반응에서 요소와 물의 생성 화학식
$2NH_3 + CO_2 \rightarrow NH_2CONH_2 + H_2O$
3몰의 수소로부터 1몰의 요소를 얻을 수 있다.
문제에서 제시한 식을 보면
$NH_2CONH_2 + H_2O \rightarrow CO_2 + 2NH_3$
2몰의 암모니아로부터 1몰의 요소를 얻을 수 있다.
요소의 분자량은 60이므로
$\frac{1}{2} \times 60 \times 10 = 300\,g$
반응한 요소의 질량은 300g이다.

정답 및 해설 6.③ 7.② 8.③

9 〈보기〉의 물에 대한 설명으로 옳은 것을 모두 고른 것은?

〈보기〉

㉠ 이온화 상수 값이 $K_w = 10^{-15}$인 물의 pH는 7보다 크다.

㉡ H^+를 만나면 비공유 전자쌍을 공유하여 H^+와 결합할 수 있다.

㉢ 순수한 물에는 H^+와 OH^-가 같은 수만큼 들어 있다.

① ㉠㉡

② ㉠㉢

③ ㉡㉢

④ ㉠㉡㉢

10 〈보기〉 4가지 원자의 전자 배치 중 바닥 상태인 것을 옳게 짝지은 것은? (단, A ~ D는 임의의 원소 기호이다.)

〈보기〉

	$1s$	$2s$	$2p$		
A	↑↓	↑			
B	↑↓	↑	↑		
C	↑↓	↑	↑	↑	↑
D	↑↓	↑↓	↑	↑	↑

① A, B

② A, D

③ B, C

④ C, D

11 〈보기〉는 질소 기체와 수소 기체가 만나 암모니아를 만드는 화학 반응식을 나타낸 것이다. 25℃, 1기압에서 암모니아 34g을 생성하기 위해 충분한 양의 수소(H_2)와 반응하는 질소(N_2) 기체의 최소 부피[L]는? (단, H, N의 원자량은 각각 1, 14이고 25℃, 1기압에서 기체 1몰의 부피는 25L이다.)

〈보기〉

$N_2(g) + 3H_2(g) \rightarrow 2NH_3(g)$

① 1L
② 12.5L
③ 25L
④ 50L

9 물

㉠ 브뢰스테드 · 로우리 정의에 의해 수소 이온을 내놓기도 하고 받을 수도 있는 양쪽성 물질이다.
㉡ 물이 일정 온도에서 자동 이온화하여 동적 평형을 이루었을 경우 H_3O^+와 OH^- 농도의 곱은 항상 같다.
$K_w = [H_3O^+][OH^-]$
㉢ 25℃에서 항상 1.0×10^{-14}이다.
㉣ 온도가 높아지면 물의 이온화상수는 커지게 된다.
㉤ 물의 pH = 7이다.
㉥ 물 분자는 다른 물 분자에게 수소 이온을 줄 수 있다.

10 바닥상태 전자배치란 원자 오비탈에 전자를 채우는 방법에 따라 전자가 채워져 있는 상태를 말한다.
A, D는 각각 Li와 N으로 바닥상태 전자배치에 해당한다.
A = Li → $1s^2 2s^1$
D = N → $1s^2 2s^2 2p^3$
※ 오비탈 에너지 준위 … $1s < 2s < 2p < 3s < 3p < 4s < 3d < 4p < 4d < 4f < \cdots$

11 $N_2 + 3H_2 \rightarrow 2NH_3$
1몰 3몰 2몰 → 계수비
모두 상온의 기체라고 하였으므로 아보가드로 법칙에 의해 계수비 = 몰비로 볼 수 있다.
암모니아의 분자량은 17g이고 문제에서 34g을 생성하였으므로
NH_3의 부피를 구하면 우선 몰수는 $\frac{34}{17} = 2$몰
1몰에 25L이므로 $2 \times 25 = 50$L이다.
몰비가 계수비랑 동일하므로 질소는 1몰이 된다. 1몰의 부피는 25L이다.

정답 및 해설 9.④ 10.② 11.③

12 〈보기 1〉은 어떤 기체 A_2와 B_2가 반응하여 기체가 생성되는 것을 모형으로 나타낸 것이다. 이에 대한 설명으로 옳은 것을 〈보기 2〉에서 모두 고른 것은?

〈보기 1〉

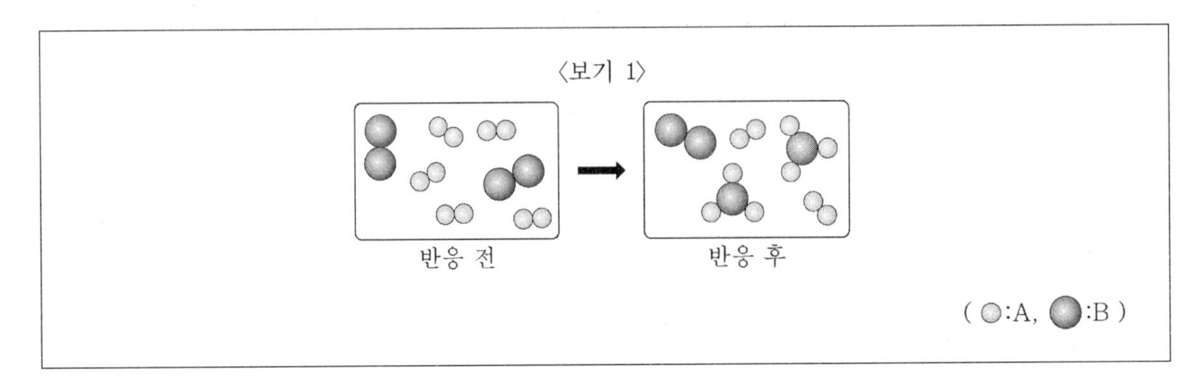

〈보기 2〉

㉠ 반응 후 분자의 총 수는 감소한다.
㉡ A_2와 B_2는 3 : 1의 분자 수 비로 반응한다.
㉢ 반응 후 생성된 화합물의 화학식은 AB_3이다.

① ㉠㉡ ② ㉠㉢
③ ㉡㉢ ④ ㉠㉡㉢

13 〈보기〉의 실험 과정에 대한 설명으로 가장 옳은 것은?

〈보기〉

(가) $CuSO_4$ 수용액이 담긴 비커에 금속 A를 넣었더니 Cu가 석출되었다.
(나) (가)비커에서 금속 A를 꺼내고 금속 B를 넣었더니 Cu와 금속 A가 석출되었다.
(다) (나)비커에서 금속 B를 꺼내고 금속 C를 넣었더니 금속 A와 금속 B가 석출되었다.

① 과정 (가)에서 금속 A는 산화제이다.
② 과정 (나)에서 Cu와 금속 A의 이온은 환원된다.
③ 과정 (다)에서 금속 B는 금속 C보다 금속의 반응성이 크다.
④ 과정 (가)~(다)에서 가장 산화되기 쉬운 것은 금속 B이다.

14 〈보기〉와 같이 농도가 서로 다른 NaOH(aq) (가)와 (나)를 같은 부피 플라스크에 넣은 후, 증류수를 가하여 1L의 수용액 (다)를 만들었다. 수용액 (다)의 몰 농도 값[M]은? (단, NaOH의 화학식량은 40이다.)

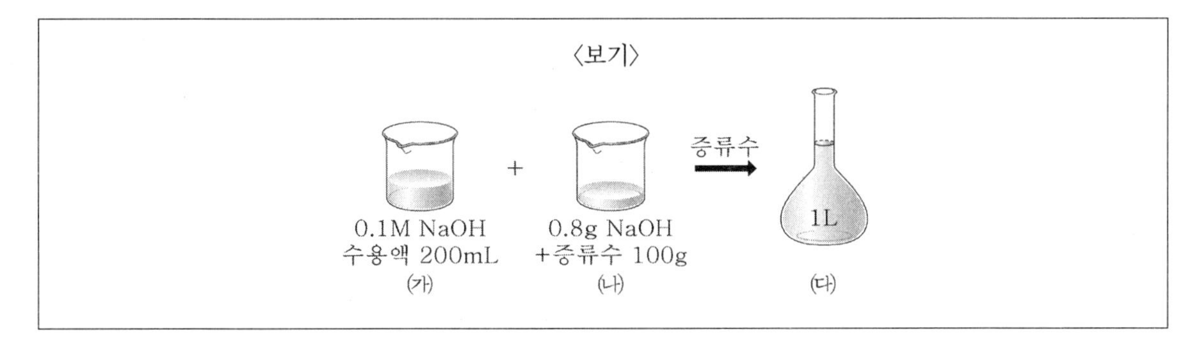

① 0.01M

② 0.02M

③ 0.04M

④ 0.10M

---

12 $3A_2 + B_2 \rightarrow 2A_3B$

㉠ 반응 후 분자의 총 수는 7개에서 5개로 감소하였다.

㉡ A_2와 B_2는 3 : 1의 분자 수 비로 반응하였다.

㉢ 반응 후 생성된 화합물의 화학식은 A_3B이다.

13 $CuSO_4$ 수용액에서 금속 A를 넣었더니 Cu가 석출되었다.
이는 Cu보다 이온화 경향이 큰 금속이 들어가야 산화되고 Cu^{2+}는 Cu로 환원되어 석출되는 것이다.
반응성의 크기를 비교하면 금속 C > B > A > Cu순이다.
금속 A는 환원제이고 Cu가 산화제이다.

14 (가) 0.1M NaOH 수용액 200mL를 먼저 계산하면

몰농도×부피×몰질량= $0.1 \times 0.200 \times 40 = 0.8\text{M}$

(나) 0.8g NaOH + 증류수 100g을 계산하면

0.8g NaOH는 $\frac{0.8}{40} = 0.02$

증류수 100g를 더하므로 $\frac{0.02}{0.100} = 0.2\text{M}$

(다) (가)와 (나)를 합하면 1M이므로 1L 수용액 (다)의 몰 농도는 $\frac{40}{1,000} = 0.04\text{M}$

정답 및 해설 12.① 13.② 14.③

15 〈보기〉는 황산나트륨(Na_2SO_4)을 소량 녹인 증류수에 전류를 흘려주었을 때 전기 분해가 일어나 기체 A와 B가 발생한 것을 나타낸 것이다. 이에 대한 설명으로 가장 옳은 것은?

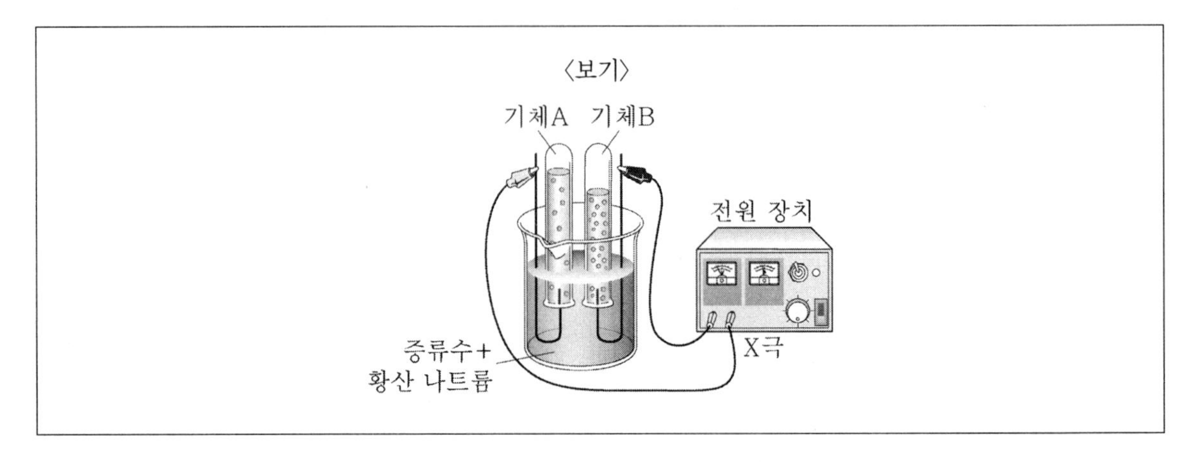

① X극은 (+)극이다.

② Na_2SO_4은 산화제이다.

③ 기체 A는 수소(H_2)이다.

④ X극에서 환원 반응이 일어난다.

16 〈보기〉는 1기압에서 몇 가지 물질의 엔탈피를 나타낸 것이다. 산소(O)와 수소(H)의 결합 에너지(O–H)는?

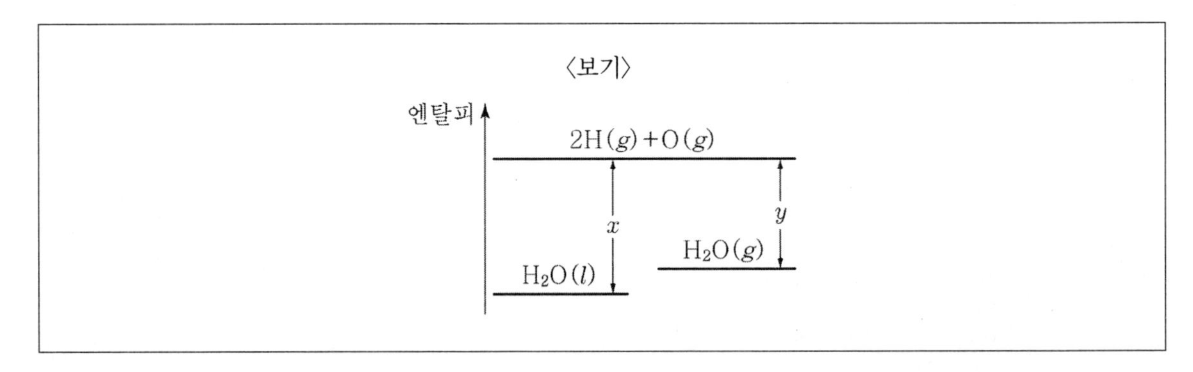

① $x-y$

② x

③ $0.5y$

④ $0.5(x+y)$

15 (－)극에서는 양이온 + 전자 → 환원

(+)극에서는 홑원소물질 + 전자 → 산화

$Na_2SO_4 + H_2O \rightarrow 2Na^+ + SO_4^- + H^+ + OH^-$

- (+)극 : SO_4^-, OH^- 두 이온 중 전자를 잃는 이온은 홑원소물질이 전자를 잃게 된다.

  $2OH^- \rightarrow H_2O + \frac{1}{2}O_2 + 2e^-$

  산소 발생
- (－)극 : Na^+, H^+ 두 이온 중 전자를 받을 수 있는 이온은 이온화경향서열이 낮은 이온이 전자를 받게 된다.

  $2H^+ + e^- \rightarrow H_2$

  수소 발생
- 전해질 : Na_2SO_4

① X극은 (+)극이다.

② Na_2SO_4은 전해질이다.

③ 기체 A는 산소(O_2)이다.

④ X극에서는 산화 반응이 일어난다.

16 O－H 결합 에너지를 구하기 위한 화학반응식은 $H_2O(g) \rightarrow 4H(g) + 2O(g)$이다.

$H_2O(g) \rightarrow 4H(g) + 2O(g)$에 필요한 총에너지는 y이다.

H_2O 2분자에는 4개의 O－H 결합이 존재하며, H_2O 1분자에는 2개의 O－H 결합이 존재하므로 결합을 끊기 위해서는 $\frac{y}{2}$가 필요하다.

$H_2(g) + \frac{1}{2}O_2(g) \rightarrow H_2O(l)$에 필요한 에너지는 $-x$이다.

정답 및 해설 15.① 16.③

17 〈보기〉는 같은 질량의 메테인(CH_4)과 산소(O_2)가 각각 두 용기에 들어있는 상태를 나타낸 것이다. $P_1 : P_2$는? (단, H, C, O의 원자량은 각각 1, 12, 16 이고, k = ℃ + 273이며 메테인(CH_4)과 산소(O_2)는 이상기체이다.)

〈보기〉

CH_4	O_2
wg	wg
$-73^{\circ}C$	$27^{\circ}C$
P_1기압	P_2기압
1L	2L

① 8 : 3
② 2 : 1
③ 4 : 3
④ 2 : 3

18 〈보기〉는 같은 온도에서 HCl(aq)과 NaOH(aq)의 부피에 변화를 주면서 혼합 용액의 최고 온도를 측정한 결과이다. 이에 대한 설명으로 가장 옳지 않은 것은?

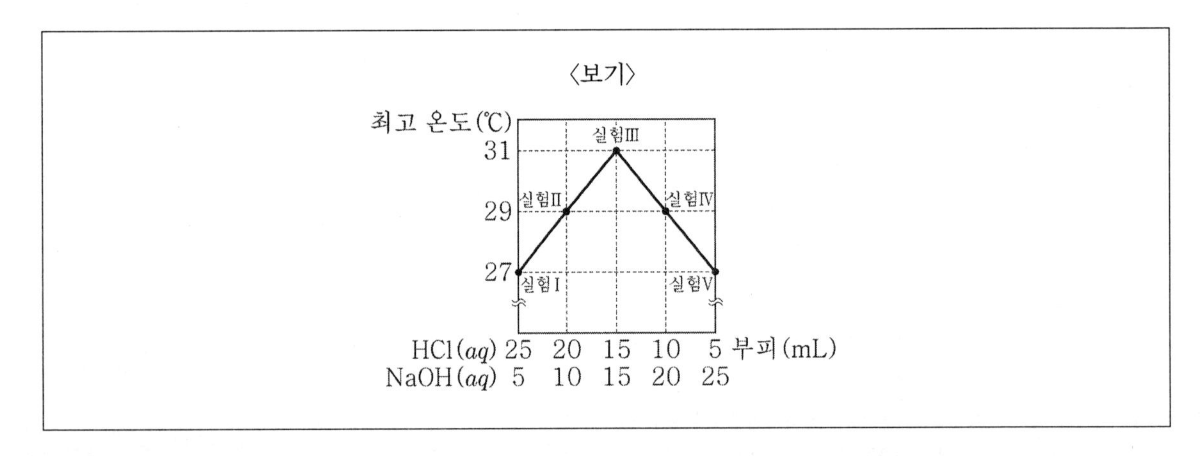

① 실험Ⅲ에서 중화점에 도달하였다.
② 단위 부피당 이온 수 비는 HCl(aq) : NaOH(aq) = 1 : 1이다.
③ 실험Ⅰ과 실험Ⅳ에서 남은 용액을 혼합하면 산성 용액이 된다.
④ 중화 반응에 의해 생성된 물 분자 수는 실험Ⅲ이 실험Ⅱ의 2배이다.

17 이상기체 상태방정식을 이용하여

$PV = nRT$

$n = \frac{w}{M} = \frac{\text{질량}}{\text{분자량}}$ 에서 같은 질량이라고 했으므로 1로 놓으면

$CH_4 = \frac{1}{16} = 0.0625$

$O_2 = \frac{1}{32} = 0.03125$

$P = \frac{nRT}{V}$ 에서 $P_1 = \frac{0.0625 \times (273-73)}{1} = 12.5$

$P_2 = \frac{0.03125 \times (273+27)}{2} = 4.6875$

$\frac{P_1}{P_2} = \frac{12.5}{4.6875} = \frac{8}{3}$

$\therefore$ $P_1 : P_2$는 8 : 3이 된다.

18 완전 중화가 되는 곳은 온도가 가장 높은 실험Ⅲ가 된다.

중화점에서 단위 부피당 이온수가 가장 적다.

단위 부피당 이온 수의 비는 HCl : NaOH = 15 : 15 = 1 : 1이다.

$HCl + NaOH = NaCl + H_2O$

[이온반응식] $H^+ + Cl^- + Na^+ + OH^- \rightarrow Na^+ + Cl^- + H_2O$

[알짜이온반응식] $H^+ + OH^- \rightarrow H_2O$

중화된 양은 동일하지만 남아 있는 염산과 수산화나트륨 수용액의 밀도는 각각 다르다.

남은 용액을 혼합하면 산성 용액이 될 수 있다.

실험Ⅱ와 실험Ⅳ의 혼합 용액을 섞었을 때는 염산과 수산화나트륨 수용액이 각각 30m씩 중화되면서 혼합 용액의 부피는 60mL가 되고, 실험Ⅲ은 염산과 수산화나트륨 수용액이 각각 15mL씩 중화되면서 혼합 용액의 부피가 30mL가 된다.

중화 반응에 의해 생성된 물 분자 수는 온도가 가장 높을 때 가장 많다.

중화 반응에 의해 생성된 물 분자 수는 실험Ⅲ과 실험Ⅱ의 양은 동일하다.

정답 및 해설 17.① 18.④

19 〈보기〉는 수소 원자의 몇 가지 전자 전이를 나타낸 것이다. 이에 대한 설명으로 가장 옳지 않은 것은? (단, $E_n = \frac{-1312}{n^2}$ kJ/mol이다.)

〈보기〉

구분		방출선				
		a	b	c	d	e
주양자수 (n)	전	∞	3	2	1	∞
	후	1	2	1	3	2

① 방출선 c의 파장은 방출선 a의 파장보다 짧다.
② b에서 방출되는 빛은 가시광선 영역에 속한다.
③ c에서 984kJ/mol의 에너지가 방출된다.
④ d에서는 에너지가 흡수된다.

20 〈보기〉에서 (가)는 25℃에서 기체 반응 2A(g) → B(g)의 진행에 따른 에너지를 나타낸 것이다. (가)에서 (나)로 변화시킬 수 있는 요인으로 가장 옳은 것은?

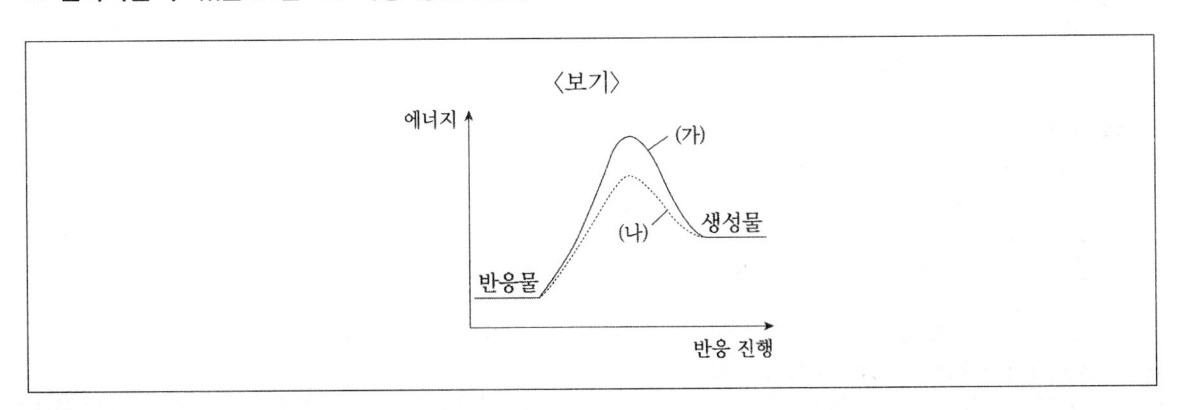

① A(g) 추가
② 온도 상승
③ 부피 증가
④ 촉매 사용

19 주어진 식에 방출선을 각각 대입하여 계산하면

a : 주양자수가 ∞ → 1로 변하므로

$E = -1 - 0 = -1 = 1,312\,\text{kJ/mol}$

b : 주양자수가 3 → 2로 변하므로

$E = -\frac{1}{4} - \left(-\frac{1}{9}\right) = -\frac{5}{36} = 182.2\,\text{kJ/mol}$

c : 주양자수가 2 → 1로 변하므로

$E = -1 - \left(-\frac{1}{4}\right) = -\frac{3}{4} = 984\,\text{kJ/mol}$

d : 주양자수가 1 → 3로 변하므로

$E = -\frac{1}{9} - (-1) = \frac{8}{9} = -1,166.2\,\text{kJ/mol}$ (흡수)

e : 주양자수가 ∞ → 2로 변하므로

$E = -\frac{1}{4} - 0 = -\frac{1}{4} = 328\,\text{kJ/mol}$

빛의 에너지와 파장은 반비례의 관계에 있다.

그러므로 방출선 c의 파장은 방출선 a의 파장보다 길다.

$n = 1$로 전이하면 라이먼 계열, 자외선 영역에 속하며, $n = 2$로 전이되면 발머 계열, 가시광선 영역에 속한다.

20 촉매는 활성화 에너지를 낮출 수 있고, 이로 인하여 반응속도를 에너지 소비 없이 증가시킬 수 있다.

촉매는 일어나는 반응에 필요한 활성화 에너지를 감소한다.

촉매가 반응속도에 영향을 주는 이유는 활성화 에너지로 설명할 수 있다. 정촉매는 활성화 에너지를 낮추는 또 다른 경로의 정반응을 통해 반응속도를 빠르게 하고, 부촉매는 반응의 속도를 느리게 하는 것이다. 이때 반응열은 달라지지 않는다.

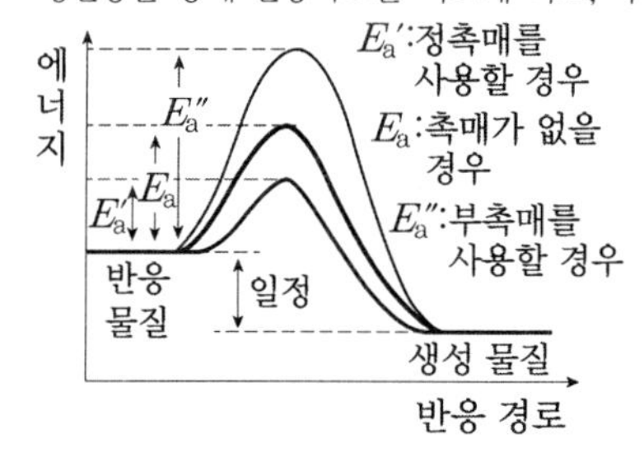

정답 및 해설 19.① 20.④

2020 | 6월 13일 | 제1회 지방직 시행

1 25℃에서 측정한 용액 A의 $[OH^-]$가 1.0×10^{-6} M일 때, pH값은? (단, $[OH^-]$는 용액 내의 OH^- 몰농도를 나타낸다)

① 6.0
② 7.0
③ 8.0
④ 9.0

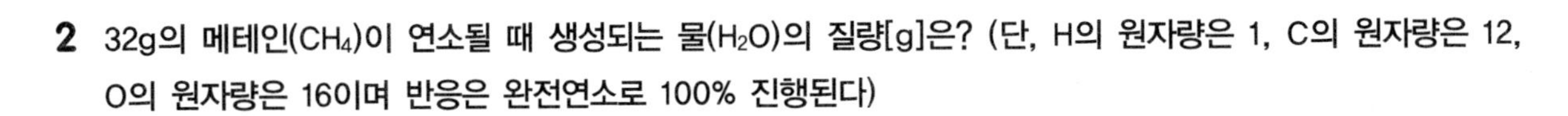

2 32g의 메테인(CH_4)이 연소될 때 생성되는 물(H_2O)의 질량[g]은? (단, H의 원자량은 1, C의 원자량은 12, O의 원자량은 16이며 반응은 완전연소로 100% 진행된다)

① 18
② 36
③ 72
④ 144

3 원자 간 결합이 다중 공유결합으로 이루어진 물질은?

① KBr
② Cl_2
③ NH_3
④ O_2

4 N_2O 분해에 제안된 메커니즘은 다음과 같다.

> $N_2O(g) \xrightarrow{k_1} N_2(g)+O(g)$ (느린 반응)
>
> $N_2O(g)+O(g) \xrightarrow{k_2} N_2(g)+O_2(g)$ (빠른 반응)

위의 메커니즘으로부터 얻어지는 전체반응식과 반응속도 법칙은?

① $2N_2O(g) \rightarrow 2N_2(g) + O_2(g)$, 속도 $= k_1[N_2O]$

② $N_2O(g) \rightarrow N_2(g) + O(g)$, 속도 $= k_1[N_2O]$

③ $N_2O(g) + O(g) \rightarrow N_2(g) + O_2(g)$, 속도 $= k_2[N_2O]$

④ $2N_2O(g) \rightarrow N_2(g) + 2O_2(g)$, 속도 $= k_2[N_2O]^2$

1 25℃에서 $pH + pOH = 14$이고 $pOH= -\log[OH^-]$이다.
$-\log[1.0\times10^{-6}] = 6$이므로 $pH= 8$이다.

2 메테인 연소 반응식은 $CH_4 + 2O_2 \rightarrow CO_2 + 2H_2O$이다. 32g의 메테인은 2몰이고 모두 연소 시에 4몰의 물이 생성된다. 이것의 질량은 72(=4×18)g이다.

3 ① KBr : 이온 결합
② Cl_2(Cl−Cl) : 단일 공유 결합
④ 산소는 이중 결합으로 공유 결합을 하고 있다.

4 두 단계의 반응식을 합하면 다음과 같다.

$$
\begin{array}{r}
N_2O \rightarrow N_2 + O \\
N_2O + O \rightarrow N_2 + O_2 \\
\hline
2N_2O \rightarrow 2N_2 + O_2
\end{array}
$$

또한 반응속도는 느린 단계의 반응이 결정하므로 속도$=k_1[N_2O]$이다.

정답 및 해설 1.③ 2.③ 3.④ 4.①

5 일정 압력에서 2몰의 공기를 40°C에서 80°C로 가열할 때, 엔탈피 변화(ΔH)[J]는? (단, 공기의 정압열 용량은 20 J mol^{-1} $°C^{-1}$이다)

① 640
② 800
③ 1,600
④ 2,400

6 다음은 원자 A ~ D에 대한 양성자 수와 중성자 수를 나타낸다. 이에 대한 설명으로 옳은 것은? (단, A ~ D는 임의의 원소기호이다)

원자	A	B	C	D
양성자 수	17	17	18	19
중성자 수	18	20	22	20

① 이온 A^-와 중성원자 C의 전자수는 같다.
② 이온 A^-와 이온 B^+의 질량수는 같다.
③ 이온 B^-와 중성원자 D의 전자수는 같다.
④ 원자 A ~ D 중 질량수가 가장 큰 원자는 D이다.

7 단열된 용기 안에 있는 25°C의 물 150 g에 60°C의 금속 100 g을 넣어 열평형에 도달하였다. 평형 온도가 30°C일 때, 금속의 비열[J g^{-1} $°C^{-1}$]은? (단, 물의 비열은 4 J g^{-1} $°C^{-1}$이다)

① 0.5
② 1
③ 1.5
④ 2

8 주기율표에 대한 설명으로 옳지 않은 것은?

① O^{2-}, F^{-}, Na^{+} 중에서 이온반지름이 가장 큰 것은 O^{2-}이다.

② F, O, N, S 중에서 전기음성도는 F가 가장 크다.

③ Li과 Ne 중에서 1차 이온화 에너지는 Li이 더 크다.

④ Na, Mg, Al 중에서 원자반지름이 가장 작은 것은 Al이다.

---

5 Q(열량) $= cm\Delta t = c\Delta t =$ 20J/몰 $\times c \times$ (80°C − 40°C) = 800J/몰이므로 2몰의 반응열은 1,600J이다. 엔탈피 변화(ΔH)는 계의 입장에서 열량이므로 1,600J이다.

6 중성원자의 양성자 수는 전자수와 같고 질량수는 양성자 수와 중성자 수의 합과 같다.

① 이온 A^{-}의 전자수는 18(=17+1)이고 중성원자 C의 전자수도 18이다.

② 이온 A^{-}의 질량수는 35(=17+18), 이온 B^{+}의 질량수는 37(=17+20)이다.

③ 이온 B^{-}의 전자수는 18(=17+1)이고 중성원자 D의 전자수는 19이다.

④ 원자 A ~ D의 질량수는 차례대로 35, 37, 40, 39이다. 질량수가 가장 큰 원자는 C이다.

7 물과 금속이 주고받은 열량이 같아야 열평형에 도달한다.
Q(열량$= cm\Delta t$에서 $4 \times 150 \times (30℃ - 25℃) = c \times 100 \times (60℃ - 30℃)$에서 금속의 비열($c$)는 1이다.

8 ① O^{2-}, F^{-}, Na^{+}는 등전자 이온이므로 전자의 수와 배치가 같아 가려막기 효과가 같다. 핵전하는 원자번호가 클수록 크므로 유효핵전하는 $O^{2-} < F^{-} < Na^{+}$이다. 유효핵전하가 크면 핵이 전자를 잘 잡아당기므로 이온반지름은 $O^{2-} > F^{-} > Na^{+}$이다.

② 전기음성도는 F가 가장 크다.

③ 1차 이온화 에너지는 Li < Ne이다.

④ 같은 주기에서 원자번호가 커질수록 유효핵전하는 커지므로 원자반지름은 작아진다. 따라서 원자반지름은 Na > Mg > Al이다.

정답 및 해설 5.③ 6.① 7.② 8.③

9 화합물 A_2B의 질량 조성이 원소 A 60 %와 원소 B 40 %로 구성될 때, AB_3를 구성하는 A와 B의 질량비는?

① 10 %의 A, 90 %의 B
② 20 %의 A, 80 %의 B
③ 30 %의 A, 70 %의 B
④ 40 %의 A, 60 %의 B

10 25°C 표준상태에서 다음의 두 반쪽 반응으로 구성된 갈바니 전지의 표준 전위[V]는? (단, E°는 표준 환원 전위 값이다)

$Cu^{2+}(aq) + 2e^- \rightarrow Cu(s)$: E° = 0.34 V
$Zn^{2+}(aq) + 2e^- \rightarrow Zn(s)$: E° = −0.76 V

① −0.76
② 0.34
③ 0.42
④ 1.1

11 반응식 $P_4(s) + 10Cl_2(g) \rightarrow 4PCl_5(s)$에서 환원제와 이를 구성하는 원자의 산화수 변화를 옳게 짝지은 것은?

	환원제	반응 전 산화수	반응 후 산화수
①	$P_4(s)$	0	+5
②	$P_4(s)$	0	+4
③	$Cl_2(g)$	0	+5
④	$Cl_2(g)$	0	−1

12 프로페인(C_3H_8)이 완전연소할 때, 균형 화학 반응식으로 옳은 것은?

① $C_3H_8(g) + 3O_2(g) \rightarrow 4CO_2(g) + 2H_2O(g)$

② $C_3H_8(g) + 5O_2(g) \rightarrow 4CO_2(g) + 3H_2O(g)$

③ $C_3H_8(g) + 5O_2(g) \rightarrow 3CO_2(g) + 4H_2O(g)$

④ $C_3H_8(g) + 4O_2(g) \rightarrow 2CO_2(g) + H_2O(g)$

13 중성원자를 고려할 때, 원자가전자 수가 같은 원자들의 원자번호끼리 옳게 짝지은 것은?

① 1, 2, 9

② 5, 6, 9

③ 4, 12, 17

④ 9, 17, 35

9 화합물 A_2B의 질량을 100이라 하면 A의 질량은 30, B의 질량은 40이다. 따라서 AB_3의 질량은 150이고 이때 A와 B의 질량비는 1 : 4이다. 이를 백분율로 나타내면 20%의 A, 80%의 B로 나타낼 수 있다.

10 표준 환원 전위가 큰 것(양극)에서 작은 것(음극)을 빼면 표준 전위를 구할 수 있다. 따라서 표준 준위는 0.34−(−0.76)=1.1(V)이다.

11 반응식에서 산화수가 증가한 것은 P이고 산화수가 감소한 것은 Cl이다. 따라서 산화된 것은 P_4이고 환원된 것은 Cl_2이다. 환원제는 자신은 산화되면서 남을 환원시키는 물질이므로 P_4이고 이 물질을 구성하는 원자의 반응 전 산화수는 0, 반응 후 산화수는 +5이다.

12 프로페인의 완전 연소 화학 반응식은 반응 전후 원자수가 달라지지 않으므로, 반응 전후 원자의 수는 같다.
$C_3H_8(g) + 5O_2(g) \rightarrow 3CO_2(g) + 4H_2O(g)$

13 ① 원자가전자 수는 차례대로 1, 0, 7이다.
② 원자가전자 수는 차례대로 3, 4, 7이다.
③ 원자가전자 수는 차례대로 2, 2, 7이다.
④ 원자가전자 수는 모두 7이다.(같은 족의 원자들은 원자가전자 수가 같다)

정답 및 해설 9.② 10.④ 11.① 12.③ 13.④

14 물 분자의 결합 모형을 그림처럼 나타낼 때, 결합 A와 결합 B에 대한 설명으로 옳은 것은?

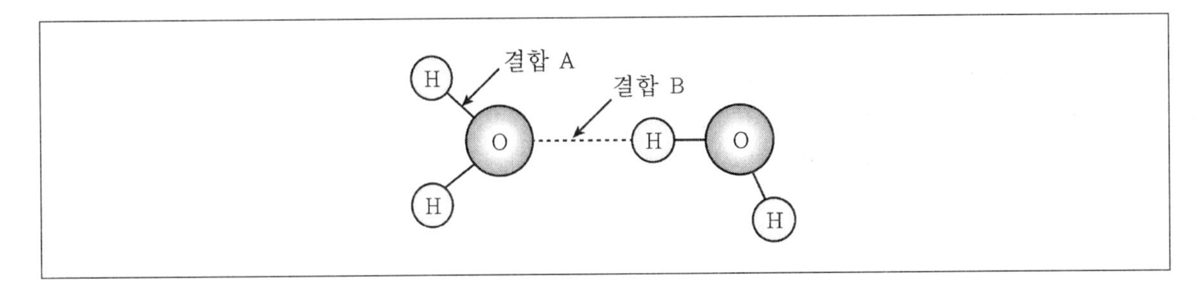

① 결합 A는 결합 B보다 강하다.

② 액체에서 기체로 상태변화를 할 때 결합 A가 끊어진다.

③ 결합 B로 인하여 산소 원자는 팔전자 규칙(octet rule)을 만족한다.

④ 결합 B는 공유결합으로 이루어진 모든 분자에서 관찰된다.

15 다음 중 산화–환원 반응은?

① $HCl(g) + NH_3(aq) \rightarrow NH_4Cl(s)$

② $HCl(aq) + NaOH(aq) \rightarrow H_2O(l) + NaCl(aq)$

③ $Pb(NO_3)_2(aq) + 2KI(aq) \rightarrow PbI_2(s) + 2KNO_3(aq)$

④ $Cu(s) + 2Ag^+(aq) \rightarrow 2Ag(s) + Cu^{2+}(aq)$

16 아세트알데하이드(acetaldehyde)에 있는 두 탄소(ⓐ와 ⓑ)의 혼성 오비탈을 옳게 짝지은 것은?

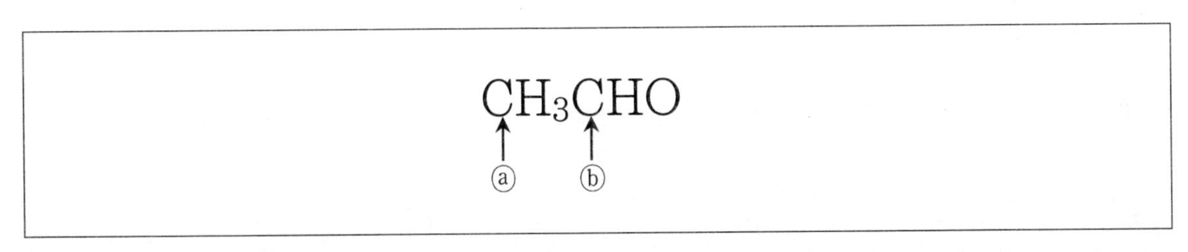

	ⓐ	ⓑ
①	sp^3	sp^2
②	sp^2	sp^2
③	sp^3	sp
④	sp^3	sp^3

17 용액에 대한 설명으로 옳지 않은 것은?

① 용액의 밀도는 용액의 질량을 용액의 부피로 나눈 값이다.

② 용질 A의 몰농도는 A의 몰수를 용매의 부피(L)로 나눈 값이다.

③ 용질 A의 몰랄농도는 A의 몰수를 용매의 질량(kg)으로 나눈 값이다.

④ 1ppm은 용액 백만 g에 용질 1g이 포함되어 있는 값이다.

---

14 A는 공유결합, B는 수소결합이다.

① 공유결합인 A가 분자 간의 인력 중 큰 인력인 수소결합 B보다 강하다.

② 액체에서 기체로 상태가 변할 때에는 분자 간의 인력인 B가 끊어진다.

③ 공유결합 A로 인해 산소는 팔전자 규칙을 만족하고 있다.

④ 결합 B는 공유결합 중 F, O, N과 직접 결합한 H가 있는 분자에서 관찰된다.

15 ① 중화 반응이므로 산화 환원 반응이 아니다.(산화수 변화가 없음)

② 중화 반응이므로 산화 환원 반응이 아니다.(산화수 변화가 없음)

③ 앙금 생성 반응이므로 산화 환원 반응이 아니다.(산화수 변화가 없음)

④ 산화수 변화가 있으므로(Cu : 0 → +2, Ag : +1 → 0) 산화 환원 반응이다.

16 아세트알데하이드의 구조는 다음과 같다.

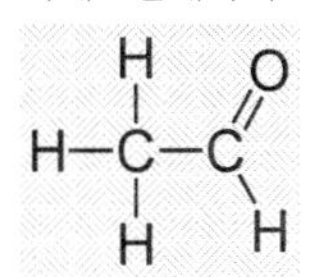

ⓐ는 탄소를 중심으로 4개의 다른 원자와 결합하여 사면체 구조를 이루므로 혼성 오비탈은 sp^3이고 ⓑ는 탄소를 중심으로 3개의 다른 원지와 결합하며 평면 삼각형 구조를 이루므로 혼성 오비탈은 sp^2이다.

17 ① 용액의 밀도는 용액의 질량을 용액의 부피로 나눈 값이다.

② 용질 A의 몰농도는 A의 몰수를 용액의 부피(L)로 나눈 값이다.

③ 용질 A의 몰랄농도는 A의 몰수를 용매의 질량(kg)으로 나눈 값이다.

④ 1ppm은 용액 백만 g에 용질 1g이 포함되어 있다는 것을 의미한다.

정답 및 해설 14.① 15.④ 16.① 17.②

18 바닷물의 염도를 1kg의 바닷물에 존재하는 건조 소금의 질량(g)으로 정의하자. 질량 백분율로 소금 3.5 %가 용해된 바닷물의 염도[$\frac{g}{kg}$]는?

① 0.35

② 3.5

③ 35

④ 350

19 25 ℃ 표준상태에서 아세틸렌($C_2H_2(g)$)의 연소열이 $-1,300$ kJ mol^{-1}일 때, C_2H_2의 연소에 대한 설명으로 옳은 것은?

① 생성물의 엔탈피 총합은 반응물의 엔탈피 총합보다 크다.

② C_2H_2 1몰의 연소를 위해서는 1,300 kJ이 필요하다.

③ C_2H_2 1몰의 연소를 위해서는 O_2 5몰이 필요하다.

④ 25℃의 일정 압력에서 C_2H_2이 연소될 때 기체의 전체 부피는 감소한다.

20 물질 A, B, C에 대한 다음 그래프의 설명으로 옳은 것만을 모두 고르면?

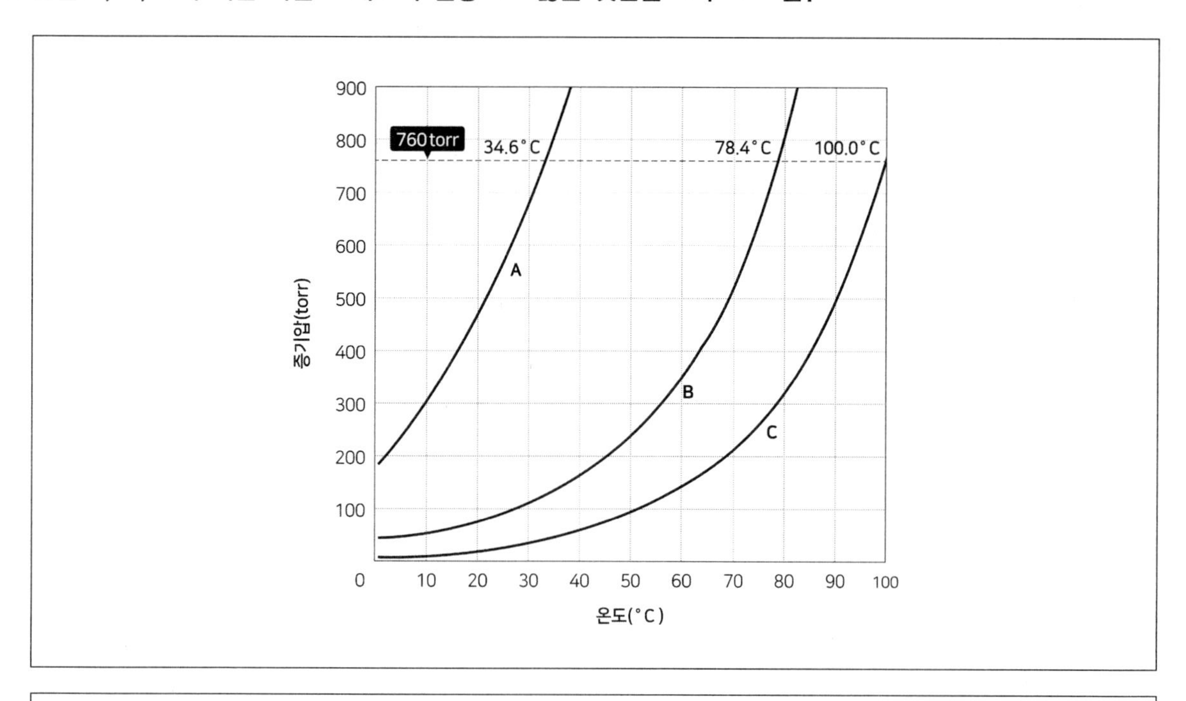

> ㉠ 30℃에서 증기압 크기는 C < B < A이다.
> ㉡ B의 정상 끓는점은 78.4℃이다.
> ㉢ 25℃ 열린 접시에서 가장 빠르게 증발하는 것은 C이다.

① ㉠㉡　② ㉠㉢
③ ㉡㉢　④ ㉠㉡㉢

---

18 질량 백분율 3.5%는 바닷물 100g에 3.5g의 소금이 녹아 있다는 의미이므로 바닷물 1,000g(1kg)에는 35g의 소금이 녹아 있다.

19 ① 발열반응이므로 생성물의 엔탈피 총합은 반응물의 엔탈피 총합보다 작다.
② 아세틸렌 1몰 연소 시, 1,300kJ의 열량이 방출된다.
③ 아세틸렌 1몰의 연소를 위해서는 2.5몰의 O_2가 필요하다.(연소 반응식 : $2C_2H_2 + 5O_2 \rightarrow 4CO_2 + 2H_2O$)
④ 반응식에서 반응물의 계수합은 생성물의 계수합보다 크므로 아세틸렌 연소 시, 기체의 전체 부피는 감소한다.

20 ㉠ 30℃에서 증기압의 크기는 C < B < A이다.
㉡ B의 정상 끓는점(1기압에서의 끓는점)은 78.4℃이다.(1기압에서의 끓는점은 1기압 = 760torr)
㉢ 25℃에서 증기압은 A > B > C이므로 열린 접시에서 가장 빠르게 증발하는 것은 A이다.

정답 및 해설 18.③ 19.④ 20.①

2021 | 6월 5일 | 제1회 지방직 시행

1 다음 물질 변화의 종류가 다른 것은?

① 물이 끓는다.
② 설탕이 물에 녹는다.
③ 드라이아이스가 승화한다.
④ 머리카락이 과산화 수소에 의해 탈색된다.

2 용액의 총괄성에 해당하지 않는 현상은?

① 산 위에 올라가서 끓인 라면은 설익는다.
② 겨울철 도로 위에 소금을 뿌려 얼음을 녹인다.
③ 라면을 끓일 때 스프부터 넣으면 면이 빨리 익는다.
④ 서로 다른 농도의 두 용액을 반투막을 사용해 분리해 놓으면 점차 그 농도가 같아진다.

3 강철 용기에서 암모니아(NH_3) 기체가 질소(N_2) 기체와 수소 기체(H_2)로 완전히 분해된 후의 전체 압력이 900mmHg이었다. 생성된 질소와 수소 기체의 부분 압력[mmHg]을 바르게 연결한 것은? (단, 모든 기체는 이상 기체의 거동을 한다)

	질소 기체	수소 기체
①	200	700
②	225	675
③	250	650
④	275	625

4 다음은 일산화탄소(CO)와 수소(H_2)로부터 메탄올(CH_3OH)을 제조하는 반응식이다.

$$CO(g) + 2H_2(g) \rightarrow CH_3OH(l)$$

일산화탄소 280g과 수소 50g을 반응시켜 완결하였을 때, 생성된 메탄올의 질량[g]은? (단, C, H, O의 원자량은 각각 12, 1, 16이다)

① 330 ② 320
③ 290 ④ 160

1 ㉠ 물질의 상태변화(①, ③)나 물질의 용해(②)는 물리적 변화의 대표적인 예이다. 과산화수소에 의해 머리카락이 탈색되는 현상은 화학적 변화에 속한다.

2 용액의 총괄성이란 묽은 용액에서 특정한 용질의 성질에 영향을 받는 것이 아니라 용질 입자의 농도 즉, 용질 입자의 수에만 영향을 받는 성질을 말한다. 비휘발성, 비전해질 용질이 녹아 있는 묽은 용액의 증기 압력 내림, 끓는점 오름(③), 어는점 내림(②), 삼투압(④)이 대표적인 용액의 총괄성의 예이다. ①은 대기압이 낮아져 끓는점이 낮아지는 것이므로, 용액의 총괄성과는 관계가 없는 현상이다.

3 암모니아 기체의 분해 반응식은 다음과 같다.
$2NH_3 \rightarrow N_2 + 3H_2$
이에 따르면 암모니아 기체가 질소 기체와 수소 기체로 완전히 분해될 경우 몰수 비는 질소 기체 : 수소 기체 <= 1 : 3이다.
따라서 질소 기체의 수소 기체의 몰분율은 각각 $\frac{1}{4}$과 $\frac{3}{4}$이 된다.
(성분 기체의 부분 압력) = (전체 압력) × (성분 기체의 몰분율)에서

$P_{N_2} = 900 \times \frac{1}{4} = 225\text{mmHg}$

$P_{H_2} = 900 \times \frac{3}{4} = 675\text{mmHg}$

4 (일산화탄소 분자량) = 12 + 16 = 28, (수소 분자량) = 1 × 2 = 2에서 일산화탄소 280g과 수소 50g은 각각 10몰과 25몰이다.
따라서 다음과 같이 반응이 진행된다.

$CO(g) + 2H_2(g) \rightarrow CH_3OH(l)$

	$CO(g)$	$2H_2(g)$	$CH_3OH(l)$
반응 전	10몰	25몰	
반응	− 10몰	− 20몰	+ 10몰
반응 후	0몰	5몰	10몰

위 반응 결과 메탄올 10몰이 생성되며, 메탄올 10몰의 질량은 10 × (12 + 4 + 16) = 320g이다.

정답 및 해설 1.④ 2.① 3.② 4.②

5 주족 원소의 주기적 성질에 대한 설명으로 옳은 것만을 모두 고르면?

> ㉠ 같은 족에 있는 원소들은 원자 번호가 커질수록 원자 반지름이 증가한다.
> ㉡ 같은 주기에 있는 원소들은 원자 번호가 커질수록 원자 반지름이 증가한다.
> ㉢ 전자친화도는 주기의 왼쪽에서 오른쪽으로 갈수록 더 큰 양의 값을 갖는다.
> ㉣ He은 Li보다 1차 이온화 에너지가 훨씬 크다.

① ㉠, ㉡
② ㉠, ㉣
③ ㉡, ㉢
④ ㉠, ㉢, ㉣

6 다음 화합물 중 무극성 분자를 모두 고른 것은?

> SO_2, CCl_4, HCl, SF_6

① SO_2, CCl4
② SO_2, HCl
③ HCl, SF_6
④ CCl_4, SF_6

7 탄소(C), 수소(H), 산소(O)로 이루어진 화합물 X 23g을 완전 연소시켰더니 CO_2 44g과 H_2O 27g이 생성되었다. 화합물 X의 화학식은? (단, C, H, O의 원자량은 각각 12, 1, 16이다)

① HCHO
② C_2H_5CHO
③ C_2H_6O
④ CH_3COOH

8 **1기압에서 녹는점이 가장 높은 이온 결합 화합물은?**

① NaF　　② KCl

③ NaCl　　④ MgO

---

5 ㉠ 같은 족 원소들은 원자 번호가 증가할수록 전자껍질 수가 증가하므로 원자 번호가 커질수록 원자 반지름이 증가한다.

㉣ He의 바닥상태 전자배치는 첫 번째 전자껍질에 전자가 2개 배치된 형태로 매우 안정하다. 따라서 Li보다 1차 이온화 에너지가 훨씬 크다.

㉡ 같은 주기 원소들은 원자 번호가 커질수록 유효 핵전하량이 증가하므로 핵과 전자 간 인력이 증가하여 원자 반지름이 감소한다.

㉢ 전자친화도의 경우 2족은 음의 값을 가지며, 같은 주기에서는 13족부터 17족까지는 대체로 증가하는 경향성을 가지나, 18족은 0의 값을 가진다.

6 극성 분자 : SO_2, HCl

무극성 분자 : CCl_4, SF_6

7 화합물 X 23g 중 각 성분 원소(C, H, O)의 질량을 구하면 다음과 같다.

$C = 44g \times \frac{12(C)}{44(CO_2)} = 12g$

$H = 27g \times \frac{2(2H)}{18(H_2O)} = 3g$

$O = 23g - (12+3)g = 8g$

화합물 X를 구성하고 있는 각 원소(C, H, O)의 몰수 비는 다음과 같다.

$C : H : O = \frac{12}{12} : \frac{3}{1} : \frac{8}{16} = 1 : 3 : 0.5 = 2 : 6 : 1$

∴ 화합물 X의 실험식은 C_2H_6O이며, 보기 중 이를 만족하는 것은 ③ 밖에 없다.

8 이온 결합 물질의 결합력은 쿨롱 힘($F = k\frac{q_1 q_2}{r^2}$)에 의해 결정되며, 쿨롱 힘이 커질수록 물질의 녹는점과 끓는점은 높아진다. 즉, 이온 간 거리(r)이 짧을수록, 이온의 전하량 곱이 클수록 물질의 녹는점이 높아진다. 따라서 보기에 주어진 물질들의 녹는점 순서는 다음과 같다.

MgO > NaF > NaCl > KCl

정답 및 해설 5.② 6.④ 7.③ 8.④

9 다음 화학 반응식의 균형을 맞추었을 때, 얻어진 계수 a, b, c의 합은? (단, a, b, c는 정수이다)

$$a\mathrm{NO_2}(g) + b\mathrm{H_2O}(l) + \mathrm{O_2}(g) \rightarrow c\mathrm{HNO_3}(aq)$$

① 9
② 10
③ 11
④ 12

10 다음 양자수 조합 중 가능하지 않은 조합은? (단, n은 주양자수, l은 각 운동량 양자수, m_l은 자기 양자수, m_s는 스핀 양자수이다)

	n	l	m_l	m_s
①	2	1	0	$-\frac{1}{2}$
②	3	0	−1	$+\frac{1}{2}$
③	3	2	0	$+\frac{1}{2}$
④	4	3	−2	$+\frac{1}{2}$

11 $_{29}$Cu에 대한 설명으로 옳지 않은 것은?

① 상자성을 띤다.
② 산소와 반응하여 산화물을 형성한다.
③ Zn보다 산화력이 약하다.
④ 바닥 상태의 전자 배치는 $[\mathrm{Ar}]4s^1 3d^{10}$이다.

12 광화학 스모그 발생과정에 대한 설명으로 옳지 않은 것은?

① NO는 주요 원인 물질 중 하나이다.
② NO_2는 빛 에너지를 흡수하여 산소 원자를 형성한다.
③ 중간체로 생성된 하이드록시라디칼은 반응성이 약하다.
④ O_3는 최종 생성물 중 하나이다.

9 주어진 화학반응식의 계수를 맞추면 다음과 같다. 즉, a = 4, b = 2, c = 4이며 따라서 a+b+c=10이다.
$4NO_2(g) + 2H_2O(l) + O_2(g) \rightarrow 4HNO_3(aq)$

10 각 운동량 양자수 또는 방위 양자수(l) 값이 a이면, 자기 양자수 m_l 값은 −a에서부터 a까지의 정수 값만 가질 수 있다. ②의 경우 l 값이 0이므로 m_l 값은 0만을 가질 수 있다. 각 주 양자수가 허용하는 방위 양자수, 자기 양자수 및 스핀 자기 양자수와 각 오비탈을 나타내는 기호는 다음 표와 같다.

주 양자수(n)	1	2				3								
전자 껍질	K	L				M								
방위 양자수(l)	0	0	1			0	1			2				
오비탈 모양	$1s$	$2s$	$2p$			$3s$	$3p$			$3d$				
자기 양자수(m_l)	0	0	−1	0	+1	0	−1	0	+1	−2	−1	0	+1	+2
오비탈 방향	$1s$	$2s$	$2p_x$	$2p_y$	$2p_z$	$3s$	$3p_x$	$3p_y$	$3p_z$	$3d_{xy}$	$3d_{yz}$	$3d_{xz}$	$3d_{x^2-y^2}$	$3d_{z^2}$
스핀 자기 양자수(m_s)	$\pm\frac{1}{2}$	$\pm\frac{1}{2}$	$\pm\frac{1}{2}$	$\pm\frac{1}{2}$	$\pm\frac{1}{2}$	$\pm\frac{1}{2}$	$\pm\frac{1}{2}$	$\pm\frac{1}{2}$	$\pm\frac{1}{2}$	$\pm\frac{1}{2}$	$\pm\frac{1}{2}$	$\pm\frac{1}{2}$	$\pm\frac{1}{2}$	$\pm\frac{1}{2}$
오비탈 수(n^2)	1	4				9								
최대 허용 전자 수($2n^2$)	2	8				18								

11 ①④ 구리의 바닥 상태 전자배치는 [Ar] $3d^{10}4s^1$으로 홀전자를 가지므로 상자성을 띤다.
② 산소와 반응하여 산화물(CuO 또는 Cu_2O)을 형성한다.
③ 산화력이란 자신은 환원되면서 다른 물질을 산화시키는 힘을 말한다. 구리는 아연보다 이온화 경향이 작으므로 다른 물질을 산화시키는 힘이 더 크므로 Zn보다 산화력이 크다.

12 광화학 스모그는 질소 산화물, 휘발성 유기 화합물이 강한 자외선을 받아서 화학 반응을 일으키는 과정을 통해 생물에 유해한 화합물이 만들어져서 형성되는 스모그이다. 광화학 스모그는 자동차나 공장의 배출가스 중에 포함된 질소 산화물(NOx)과 탄화 수소(HC)가 태양광선을 받아 유독물질인 PAN(peroxyacetyl nitrate, 과산화아세틸 질산 화합물)과 광화학 옥시던트(Ox, 산소계 분자) 등을 형성하여 생기며, 이 중 PAN이 공기 중에 떠다니며 수증기와 함께 짙은 안개를 형성한다. 한편, 배기가스 중의 SO_2(아황산가스, 이산화황)는 공기 중에서 오존(O_3)과 반응하여 삼산화황(SO_3)을 만드는데, 이것은 수증기와 반응하여 황산(H_2SO_4)의 작은 입자로 되었다가 산성 안개나 산성비로 되어 지상에 떨어져 특히 식물에 큰 피해를 끼친다. 인체에는 눈이나 목의 점막을 자극하여 호흡곤란 등의 피해를 입힌다.
광화학 스모그 발생과정 중간체로 생성된 하이드록시라디칼(OH·)은 반응성이 매우 강하여 연쇄반응을 일으키게 하는 원인이 된다.

정답 및 해설 9.② 10.② 11.③ 12.③

13 철(Fe) 결정의 단위 세포는 체심 입방 구조이다. 철의 단위 세포 내의 입자수는?

① 1개

② 2개

③ 3개

④ 4개

14 루이스 구조와 원자가 껍질 전자쌍 반발 모형에 근거한 ICl_4^- 이온에 대한 설명으로 옳지 않은 것은?

① 무극성 화합물이다.

② 중심 원자의 형식 전하는 −1이다.

③ 가장 안정한 기하 구조는 사각 평면형 구조이다.

④ 모든 원자가 팔전자 규칙을 만족한다.

13 체심 입방 구조(body centered cubic)는 정육면체의 각 꼭짓점과 체심에 각 1개의 입자가 위치하는 구조이다. 따라서 단위 세포 내의 입자 수는

$1(\text{체심})+8(\text{꼭짓점})\times\frac{1}{8}=2$개이다.

〈단위 세포 내의 입자 수〉

$$N=N_{\text{체심}}+\frac{N_{\text{면심}}}{4}+\frac{N_{\text{모서리}}}{4}+\frac{N_{\text{꼭짓점}}}{4}$$

〈주요 결정 구조 정리〉

단위세포	입방격자구조			육방밀집구조 (hcp)
	단순입방(sc)	체심입방(bcc)	면심입방(fcc)	
단위세포 구조				
단위세포당 입자수	$\frac{1}{8}\cdot 8=1$	$1+\frac{1}{8}\cdot 8=2$	$\frac{1}{2}\cdot 6+\frac{1}{8}\cdot 8=4$	6
배위수	6	8	12	12
원자반경(r)	$\frac{a}{2}$	$\frac{\sqrt{3}}{4}a$	$\frac{\sqrt{2}}{4}a$	–
최인접원자 간 거리(2r)	a	$\frac{\sqrt{3}}{2}a$	$\frac{\sqrt{2}}{2}a$	–
채우기비율(%)	52	68	74	74

14 ICl_4^- 이온은 입체 수가 6으로서 중심 원자인 I는 옥텟 규칙을 만족시키지 않는 "확장된 옥텟"의 전형적인 예이다. 중심 원자 주위에 있는 6개의 전자쌍 중 2개의 비공유 전자쌍이 서로 반대편에 위치하여 비공유 전자쌍 사이의 반발력을 최소로 하는 평면 사각형의 분자 구조를 갖는다.

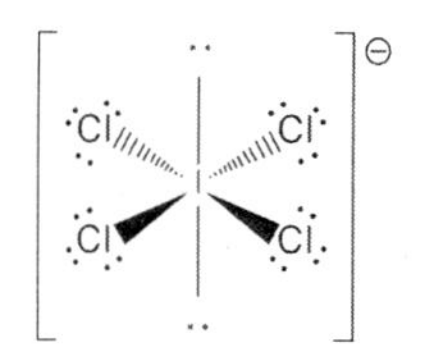

〈확장된 옥텟 구조를 가지는 중심 원자 주위의 전자쌍 총수와 분자 구조 정리〉

전자쌍 총수	5				6		
공유 전자쌍 수	5	4	3	2	6	5	4
비공유 전자쌍 수	0	1	2	3	0	1	2
분자 구조	삼각쌍뿔	시소형	T자형	선형	정팔면체	사각뿔	평면 사각형
예	Cl, Cl, Cl, Cl – P – C	F, F, F, F – S	F, F – Br – F	F – Xe – F	F, F, F, F, F, F – S	F, F, F, F, F – Br	F, F, F, F – Xe

15 0.1 M $CH_3COOH(aq)$ 50mL를 0.1 M $NaOH(aq)$ 25 mL로 적정할 때, 알짜 이온 반응식으로 옳은 것은? (단, 온도는 일정하다)

① $H_3O^+(aq) + OH-(aq) \rightarrow 2H_2O(l)$

② $CH_3COOH(aq) + NaOH(aq) \rightarrow CH_3COONa(aq) + H_2O(l)$

③ $CH_3COOH(aq) + OH^-(aq) \rightarrow CH_3COO^-(aq) + H_2O(l)$

④ $CH_3COO^-(aq) + Na^+(aq) \rightarrow CH_3COONa(aq)$

16 다음 분자쌍 중 성질이 다른 이성질체 관계에 있는 것은?

㉠ F F

㉡ F CH_3 F CH_3

㉢ H F Ph H H H Ph F

㉣ F CH_3 F CH_3

① ㉠ ② ㉡

③ ㉢ ④ ㉣

17 다음은 밀폐된 용기에서 오존(O_3)의 분해 반응이 평형 상태에 있을 때를 나타낸 것이다. 평형의 위치를 오른쪽으로 이동시킬 수 있는 방법으로 옳지 않은 것은? (단, 모든 기체는 이상 기체의 거동을 한다)

$$2O_3(g) \rightleftarrows 3O_2(g),\ \Delta H^\circ = -284.6\text{kJ}$$

① 반응 용기 내의 O_2를 제거한다.

② 반응 용기의 온도를 낮춘다.

③ 온도를 일정하게 유지하면서 반응 용기의 부피를 두 배로 증가시킨다.

④ 정촉매를 가한다.

18 약산 HA가 포함된 어떤 시료 0.5g이 녹아 있는 수용액을 완전히 중화하는 데 0.15M의 $NaOH(aq)$ 10mL가 소비되었다. 이 시료에 들어있는 HA의 질량 백분율[%]은? (단, HA의 분자량은 120이다)

① 72

② 36

③ 18

④ 15

---

15 전체 반응식 : $CH_3COOH(aq) + NaOH(aq) \rightarrow CH_3COONa(aq) + H_2O(l)$

이온 반응식 : $CH_3COOH(aq) + OH^-(aq) + Na^+(aq) \rightarrow CH_3COO^-(aq) + Na^+(aq) + H2O(l)$

알짜 이온 반응식: $CH_3COOH(aq) + OH^-(aq) \rightarrow CH_3COO^-(aq) + H_2O(l)$

구경꾼 이온 : Na^+

16

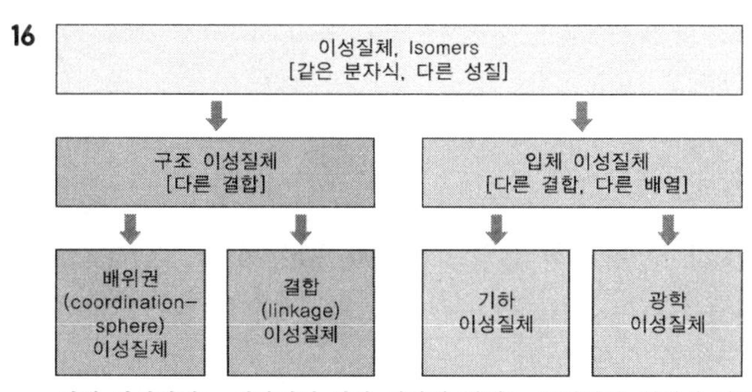

입체 이성질체는 전반적인 화학 결합의 형태는 동일하나 배열이 다른 이성질체를 말하며, 구조 이성질체는 결합이 달라 화학적 성질이 다른 이성질체를 말한다. 주어진 보기 중 구조 이성질체는 ㉠밖에 없다.

㉠ 구조 이성질체(결합 이성질체)

㉢ 입체 이성질체(기하 이성질체)

㉡㉣ 입체 이성질체(광학 이성질체)

17 르샤틀리에의 원리에 따라 평형 상태에 있는 반응계에 어떤 변화가 생기면 그 변화를 완화시키는 방향으로 화학 평형은 이동한다.

① 반응 용기 내의 O_2 제거(생성물 감소) → 생성물이 증가하는 방향(=정반응)으로 평형 이동

② 반응 용기의 온도 낮춤 → 온도를 높이는 방향인 발열반응(=정반응) 쪽으로 평형 이동

③ 반응 용기의 부피 증가 → 용기 내 압력 감소 → 기체 몰수가 증가하는 방향(=정반응)으로 평형 이동

④ 정촉매는 활성화에너지를 낮춰 화학 반응의 속도를 빠르게 할 뿐 평형을 이동시키지는 못한다.

18 중화점에서는 중화적정에 사용된 산의 몰수와 염기의 몰수가 같다는 점에 착안한다.

(산의 몰수) = (염기의 몰수)

$$\frac{0.5g}{120g/mol} \times x = 0.15mol/L \times \frac{10}{1000}L \qquad \therefore\ x = 0.36 = 36\%$$

정답 및 해설 15.③ 16.① 17.④ 18.②

19 다음은 원자 A ~ D에 대한 원자 번호와 1차 이온화 에너지(IE_1)를 나타낸다. 이에 대한 설명으로 옳은 것은? (단, A ~ D는 2, 3주기에 속하는 임의의 원소 기호이다)

	A	B	C	D
원자 번호	n	$n+1$	$n+2$	$n+3$
IE_1[$kJ\ mol^{-1}$]	1,681	2,088	495	735

① A_2 분자는 반자기성이다.

② 원자 반지름은 B가 C보다 크다.

③ A와 C로 이루어진 화합물은 공유 결합 화합물이다.

④ 2차 이온화 에너지(IE_2)는 C가 D보다 작다.

20 다음은 철의 제련 과정과 관련된 화학 반응식이다. 이에 대한 설명으로 옳지 않은 것은?

(가) $2C(s) + O_2(g) \rightarrow 2CO(g)$
(나) $Fe_2O_3(s) + 3CO(g) \rightarrow 2Fe(s) + 3CO_2(g)$
(다) $CaCO_3(s) \rightarrow CaO(s) + CO_2(g)$
(라) $CaO(s) + SiO_2(s) \rightarrow CaSiO_3(l)$

① (가)에서 C의 산화수는 증가한다.

② (가) ~ (라) 중 산화-환원 반응은 2가지이다.

③ (나)에서 CO는 환원제이다.

④ (다)에서 Ca의 산화수는 변한다.

19 1차 이온화 에너지가 A, B로 갈수록 증가하다가 C가 되면 급감하며, D는 C보다는 크게 나타난다. 따라서 A와 B는 2주기 비금속 원소(17족과 18족)이며, C와 D는 3주기 금속 원소(1족과 2족)이다. 따라서 A는 F, B는 Ne, C는 Na, D는 Mg이다.

① $A_2(F_2)$의 분자 오비탈 전자배치는 다음과 같다.

(최외각 전자 수 = 7×2 = 14)

$\sigma_{2s} < \sigma_{2s}^* < \sigma_{2p} < \pi_{2p} = \pi_{2p} < \pi_{2s}^* = \pi_{2s}^* < \sigma_{2s}^*$

↑↓ ↑↓ ↑↓ ↑↓ ↑↓ ↑↓ ↑↓

전자배치 상 홀전자가 없으므로, 상자기성이 아니라 반자기성 물질이다.

② 원자 반지름은 전자 껍질 수가 많을수록 커지므로, 2주기 원소(전자 껍질 수 2개)인 B가 3주기 원소(전자 껍질 수 3개)인 C보다 작다.

③ A와 C로 이루어진 화합물은 NaF(플루오린화 나트륨)으로 금속과 비금속 원소로 이루어진 이온 결합 화합물이다.

④ C는 1족 원소로서 두 번째 전자를 떼어낼 때 옥텟 구조가 깨진다. 따라서 2차 이온화 에너지(IE_2)는 C가 D보다 크게 나타난다.

20 ① ㈎에서 C의 산화수는 0에서 +2로 증가하며, 따라서 C는 산화한다.

② 산화－환원 반응은 반응 전후 산화수의 변화를 수반한다. ㈎~㈑ 중 산화－환원 반응은 ㈎와 ㈏의 2가지이다.

③ ㈏에서 C의 산화수는 +2에서 +4로 증가한다. 따라서 CO는 산화되며, 다른 물질인 Fe_2O_3을 환원시키는 환원제로 작용한다.

④ ㈐에서 Ca의 산화수는 +2로 변하지 않으며, ㈐는 산화－환원 반응이 아니다.

정답 및 해설 19.① 20.④

2022 | 6월 18일 | 제1회 지방직 시행

1 다음 중 극성 분자에 해당하는 것은?

① CO_2
② BF_3
③ PCl_5
④ CH_3Cl

2 이상 기체 (가), (나)의 상태가 다음과 같을 때, P는?

기체	양[mol]	온도[K]	부피[L]	압력[atm]
(가)	n	300	1	1
(나)	n	600	2	P

① 0.5
② 1
③ 2
④ 4

3 X가 녹아 있는 용액에서, X의 농도에 대한 설명으로 옳지 않은 것은?

① 몰 농도[M]는 $\frac{\text{X의 몰(mol) 수}}{\text{용액의 부피[L]}}$이다.
② 몰랄 농도[m]는 $\frac{\text{X의 몰(mol) 수}}{\text{용매의 질량[kg]}}$이다.
③ 질량 백분율[%]은 $\frac{\text{X의 질량}}{\text{용매의 질량}} \times 100$이다.
④ 1ppm 용액과 1,000ppb 용액은 농도가 같다.

4 화학 결합과 분자 간 힘에 대한 설명으로 옳은 것은?

① 메테인(CH_4)은 공유 결합으로 이루어진 극성 물질이다.

② 이온 결합 물질은 상온에서 항상 액체 상태이다.

③ 이온 결합 물질은 액체 상태에서 전류가 흐르지 않는다.

④ 비극성 분자 사이에는 분산력이 작용한다.

1 극성 분자는 구성 원자 간 극성 공유결합을 하여 쌍극자 모멘트가 발생하고, 분자의 모양이 비대칭이어서 쌍극자 모멘트의 합이 0이 아니고 분자의 중심이 어느 한쪽으로 치우치는 분자를 말한다. 보기 중에서는 클로로메테인을 제외한 나머지 분자들은 모두 극성 공유결합을 하나 쌍극자 모멘트의 합이 0이 되는 무극성 분자에 속한다.

2 ㈎와 ㈏는 모두 이상 기체이므로 이상 기체 상태 방정식($PV=nRT$)이 성립하고, 따라서 $\frac{PV}{nRT}$ 값은 일정하다. 즉, $\frac{1\times1}{nR\times300}=\frac{P\times2}{nR\times600}$ 이 성립하며, 이를 풀면 $P=1atm$을 얻는다.

3 질량 백분율[%]은 $\frac{\text{X의 질량}}{\text{용액의 질량}}\times100$이다.

4 ① 메테인(CH_4)은 공유 결합으로 이루어진 무극성 물질이다.
② 이온 결합 물질은 염화 나트륨(NaCl)과 같이 상온에서 고체인 경우가 많다.
③ 이온 결합 물질은 액체(용융) 상태에서 전류가 잘 흐른다.
④ 비극성(무극성) 분자 사이에는 분산력이 작용한다. → 정확히 얘기하자면 분산력은 모든 분자에 작용하는 힘이며, 무극성 분자 사이에는 다른 분자간 힘은 작용하지 않고 오직 분산력만이 작용한다.

정답 및 해설 1.④ 2.② 3.③ 4.④

5 수소(H_2)와 산소(O_2)가 반응하여 물(H_2O)을 만들 때, 1mol의 산소(O_2)와 반응하는 수소의 질량[g]은? (단, H의 원자량은 1이다)

① 2

② 4

③ 8

④ 16

6 황(S)의 산화수가 나머지와 다른 것은?

① H_2S

② SO_3

③ $PbSO_4$

④ H_2SO_4

7 원자에 대한 설명으로 옳은 것만을 모두 고르면?

㉠ 양성자는 음의 전하를 띤다. ㉡ 중성자는 원자 크기의 대부분을 차지한다. ㉢ 전자는 원자핵의 바깥에 위치한다. ㉣ 원자량은 ^{12}C 원자의 질량을 기준으로 정한다.

① ㉠, ㉡

② ㉠, ㉢

③ ㉡, ㉣

④ ㉢, ㉣

8 다음 중 온실 효과가 가장 작은 것은?

① CO_2

② CH_4

③ C_2H_5OH

④ Hydrofluorocarbons(HFCs)

5 수소와 산소가 반응하여 물을 만드는 화학반응식 $2H_2 + O_2 \rightarrow 2H_2O$에서 1mol의 산소와 반응하는 수소의 몰수는 2mol이고, 수소의 분자량(2)을 이용하여 수소 분자 2몰의 질량은 4g임을 구할 수 있다.

6 중성 화합물의 산화수 합은 0임을 이용하여 각 화합물에서 S의 산화수를 구하면 H_2S는 -2이고, 나머지 보기의 화합물은 +6이다.

7 ㉠ 양성자는 양(+)의 전하를 띤다.
㉡ 양성자와 중성자가 모여 있는 원자핵은 원자 중심의 매우 작은 부분을 차지하고 있으며, 원자의 대부분은 빈 공간으로 이루어진다.

8 온실 효과를 유발하는 대표적인 온실 기체에는 이산화탄소(CO_2), 수증기(H_2O), 메테인(CH_4), 육플루오르화 황(SF_6), 수소플루오르화 탄소(HFC), 클로로플루오르화 탄소(CFC) 등이 있다. 에탄올은 온실 기체에 해당하지 않는다.
※ **지구온난화지수**(GWP : Global Warming Potential) … 이산화탄소가 지구 온난화에 미치는 영향을 기준으로 다른 온실가스가 지구온난화에 기여하는 정도를 나타낸 것이다. 곧, 개별 온실가스 1kg의 태양에너지 흡수량을 이산화탄소 1kg이 가지는 태양에너지 흡수량으로 나눈 값을 말한다. 단위 질량당 온난화 효과를 지수화한 것이라고 할 수 있다. 이산화탄소를 1로 볼 때 메테인은 21, 아산화 질소는 310, 수소플루오린화 탄소는 1,300 육플루오린화 황은 23,900이다. 교토 의정서는 온실 기체 배출량 계산에 지구온난화지수를 사용하고 있다.

정답 및 해설 5.② 6.① 7.④ 8.③

9 중성 원자 X~Z의 전자 배치이다. 이에 대한 설명으로 옳은 것은? (단, X~Z는 임의의 원소 기호이다)

X : $1s^2 2s^1$ Y : $1s^2 2s^2$ Z : $1s^2 2s^2 2p^4$

① 최외각 전자의 개수는 Z>Y>X 순이다.
② 전기음성도의 크기는 Z>X>Y 순이다.
③ 원자 반지름의 크기는 X > Z > Y 순이다.
④ 이온 반지름의 크기는 Z^{2-} > Y^{2+} > X^{+} 순이다.

10 2~4주기 알칼리 원소에서 원자 번호의 증가와 함께 나타나는 변화로 옳은 것은?

① 전기음성도가 작아진다.
② 정상 녹는점이 높아진다.
③ 25°C, 1 atm에서 밀도가 작아진다.
④ 원자가 전자의 개수가 커진다.

11 이온화 에너지에 대한 설명으로 옳은 것만을 모두 고르면?

㉠ 1차 이온화 에너지는 기체 상태 중성 원자에서 전자 1개를 제거하는 데 필요한 에너지이다. ㉡ 1차 이온화 에너지가 큰 원소일수록 양이온이 되기 쉽다. ㉢ 순차적 이온화 과정에서 2차 이온화 에너지는 1차 이온화 에너지보다 크다.

① ㉠, ㉡
② ㉠, ㉢
③ ㉡, ㉢
④ ㉠, ㉡, ㉢

9 주어진 전자 배치에 따르면, X~Z는 모두 2주기 원소이다.

	원소	최외각 전자 수	전기음성도	구분
X	Li (원자번호 3)	1	1.0	2주기 1족
Y	Be (원자번호 4)	2	1.5	2주기 2족
Z	O (원자번호 8)	6	3.5	2주기 16족

② 같은 주기에서는 원자번호가 증가함에 따라 전기음성도 또한 증가한다. 따라서 전기음성도의 크기는 Z>Y>X 순이다.
③ 같은 주기에서는 원자번호가 증가함에 따라 유효 핵전하량이 증가하므로 원자 반지름은 감소한다. 원자 반지름의 크기는 X>Y>Z 순이다.
④ X^+와 Y^{2+}는 He과 같은 전자 배치를, Z^{2-}는 Ne과 같은 전자 배치를 갖는다. 따라서 Z^{2-}는 다른 이온에 비해 전자껍질 수가 많으므로 가장 크다. X^+와 Y^{2+}는 최외각 전자의 수는 같으나 원자번호가 다른 등전자 이온 관계이다. Y^{2+}의 유효 핵전하가 X^+보다 더 크므로 이온 반지름이 더 작다. 따라서 전체 이온 반지름의 크기는 $Z^{2-}>X^+>Y^{2+}$ 순이다.

10 전기 음성도는 주기율표에서 오른쪽 위로 갈수록 커진다. 따라서 같은 족인 알칼리 금속의 전기 음성도는 원자 번호가 증가할수록 작아진다.
② 원자 번호가 증가할수록 알칼리 금속의 정상 녹는점이 낮아진다.
③ 원자 번호가 증가할수록 알칼리 금속의 밀도는 증가한다(Li < K < Na < Rb < Cs).
④ 알칼리 금속의 원자가 전자 개수는 모두 1개로 동일하다.

11 ㉠ (1차) 이온화 에너지는 기체 상태 원자 1몰에서 전자 1몰을 떼어내는 데 필요한 에너지를 말한다.
㉡ 1차 이온화 에너지가 큰 원소일수록 전자를 잃을 때 더 많은 에너지가 필요하므로, 양이온이 되기 어렵다.
㉢ 순차적 이온화에너지는 $IE_1 < IE_2 < IE_3 < IE_4$ … 관계가 있다.

정답 및 해설 9.① 10.① 11.②

12 고체 알루미늄(Al)은 면심 입방(fcc) 구조이고, 고체 마그네슘(Mg)은 육방 조밀 쌓임(hcp) 구조이다. 이에 대한 설명으로 옳지 않은 것은?

① Al의 구조는 입방 조밀 쌓임(ccp)이다.

② Al의 단위 세포에 포함된 원자 개수는 4이다.

③ 원자의 쌓임 효율은 Al과 Mg가 같다.

④ 원자의 배위수는 Mg가 Al보다 크다.

13 화학 반응 속도에 대한 설명으로 옳지 않은 것은?

① 1차 반응의 반응 속도는 반응물의 농도에 의존한다.

② 다단계 반응의 속도 결정 단계는 반응 속도가 가장 빠른 단계이다.

③ 정촉매를 사용하면 전이 상태의 에너지 준위는 낮아진다.

④ 활성화 에너지가 0보다 큰 반응에서, 반응 속도 상수는 온도가 높을수록 크다.

14 $Ba(OH)_2$ 0.1mol이 녹아 있는 10L의 수용액에서 H_3O^+ 이온의 몰 농도[M]는? (단, 온도는 25°C이다)

① 1×10^{-13}

② 5×10^{-13}

③ 1×10^{-12}

④ 5×10^{-12}

15 오존(O_3)에 대한 설명으로 옳지 않은 것은?

① 공명 구조를 갖는다.

② 분자의 기하 구조는 굽은형이다.

③ 색깔과 냄새가 없다.

④ 산소(O_2)보다 산화력이 더 강하다.

12 ④ 원자의 배위수는 Mg(육방밀집구조, 12)과 Al(면심입방구조, 12)이 같다.

※ 주요 결정 구조 정리

단위세포	입방격자구조			육방밀집구조
	단순입방(sc)	체심입방(bcc)	면심입방(fcc)	(hcp)
단위세포 구조				
단위세포당 입자수	$\frac{1}{8}\cdot 8=1$	$1+\frac{1}{8}\cdot 8=2$	$\frac{1}{2}\cdot 6+\frac{1}{8}\cdot 8=4$	6
배위수	6	8	12	12
원자반경(r)	$\frac{a}{2}$	$\frac{\sqrt{3}}{4}a$	$\frac{\sqrt{2}}{4}a$	–
최인접원자 간 거리($2r$)	a	$\frac{\sqrt{3}}{2}a$	$\frac{\sqrt{2}}{2}a$	–
채우기비율(%)	52	68	74	74

13 ① 1차 반응의 반응 속도는 반응물의 농도에 비례한다.

② 다단계 반응의 속도 결정 단계는 반응 속도가 가장 느린 단계이다.

③ 정촉매를 사용하면 화학 반응의 활성화 에너지가 낮아지므로 전이 상태의 에너지 준위는 낮아진다.

④ 아레니우스 식 $k=Ae^{-\frac{E_a}{RT}}$에서 활성화 에너지가 0보다 큰 반응에서, 활성화 에너지(E_a)가 작을수록, 절대온도(T)가 높을수록 반응 속도 상수(k)가 증가한다.

14 수산화 바륨은 강염기이므로 100% 이온화한다고 가정할 수 있고, $Ba(OH)_2$의 이온화식 $Ba(OH)_2 \rightarrow Ba^{2+}+2OH^-$에서 $Ba(OH)_2$ 0.1몰은 OH^- 0.2몰로 해리된다. 따라서 $[OH^-]=\frac{0.2\,mol}{10L}=0.02M$이고,

$[H^+]=\frac{Kw}{[OH^-]}=\frac{1\times10^{-14}}{0.02}=5\times10^{-13}$임을 구할 수 있다.

15 ①② 오존은 다음과 같은 공명 구조를 가지며, 분자 구조는 굽은 형이다.

③ 오존은 옅은 청색의 색을 가지며, 특유의 비릿하면서도 톡 쏘는 냄새가 난다.

④ 오존은 강력한 산화력을 갖고 있어 물의 정수 및 주방의 살균·탈취, 앰뷸런스 차내 살균 등 다양한 분야에서 이용되고 있다.

정답 및 해설 12.④ 13.② 14.② 15.③

16 다음 분자에 대한 설명으로 옳지 않은 것은?

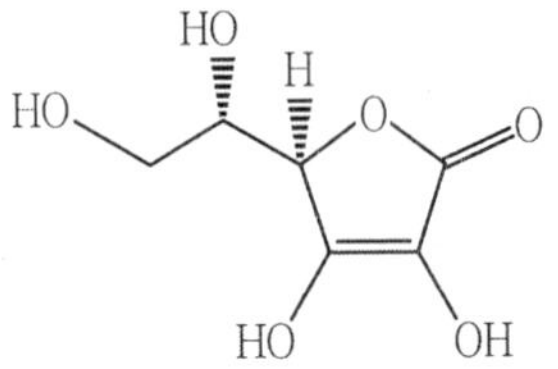

① 이중 결합의 개수는 2이다.

② sp^3 혼성을 갖는 탄소 원자의 개수는 3이다.

③ 산소 원자는 모두 sp^3 혼성을 갖는다.

④ 카이랄 중심인 탄소 원자의 개수는 2이다.

17 루이스 구조 이론을 근거로, 다음 분자들에서 중심 원자의 형식 전하 합은?

I_3^-	OCN^-

① -1

② 0

③ 1

④ 2

16

①	이중 결합의 개수는 다음과 같이 2개이다.	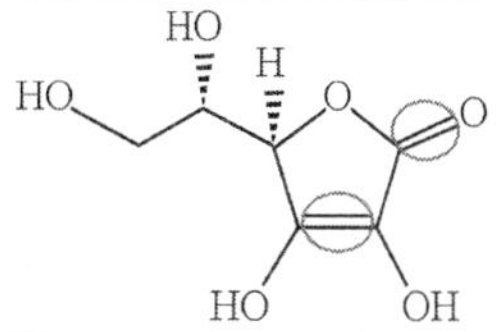 HO, H, HO, O, O, HO, OH
②	sp^3 혼성 오비탈을 갖는 탄소 원자의 개수는 다음과 같이 3개이다.	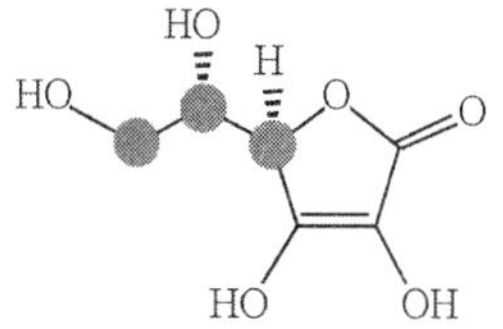 HO, H, HO, O, O, HO, OH
③	산소 원자 중 표시한 1개 원자는 sp^2 혼성 오비탈을 갖는다.	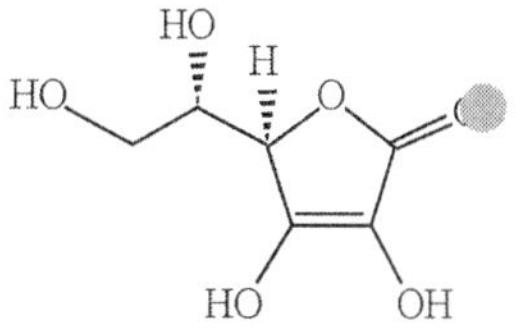 HO, H, HO, O, HO, OH
④	카이랄 중심인 탄소 원자의 개수는 다음과 같이 2개이다.	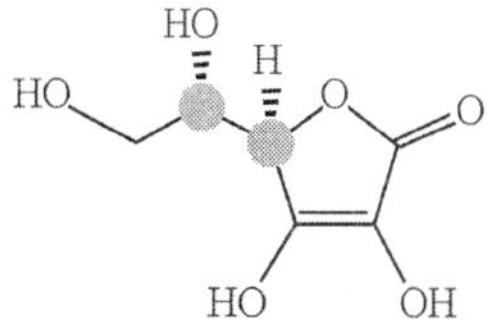 HO, H, HO, O, O, HO, OH

17

형식 전하 = 원자가 전자 수 − 비공유 전자쌍 전자 수 − $\frac{1}{2}$(공유 전자쌍 전자 수)

= 원자가 전자 수 − 해당 원자에 속한 전자 수

	분자 구조 (루이스 구조식)	중심 원자 형식전하
I_3^-	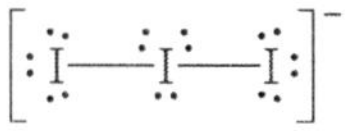 $[:\ddot{I}-\ddot{I}-\ddot{I}:]^-$	7 − 6 − 2 = −1
OCN^-	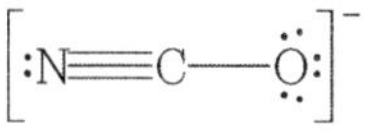 $[:N\equiv C-\ddot{O}:]^-$	4 − 0 − 4 = 0

따라서 분자들에서 중심 원자의 형식 전하 합은 -1이다.

※ OCN^-의 루이스 구조

OCN^-의 루이스 구조는 다음 3가지의 공명 구조로 나타난다. 이중 전기음성도가 더 큰 산소에 -1의 형식전하가 할당된 case 1이 가장 안정한 구조이므로 실제 구조에 가까우며, 이를 구조식으로 사용한다.

Case 1	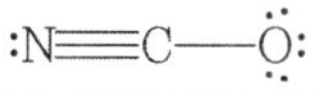 $:N\equiv C-\ddot{O}:$
Case 2	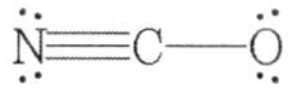 $\ddot{N}\equiv C-\ddot{O}$
Case 3	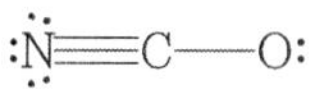 $:\ddot{N}\equiv C-O:$

정답 및 해설 16.③ 17.①

18 $CaCO_3(s)$가 분해되는 반응의 평형 반응식과 온도 T에서의 평형 상수(K_p)이다. 이에 대한 설명으로 옳은 것만을 〈보기〉에서 모두 고르면? (단, 반응은 온도와 부피가 일정한 밀폐 용기에서 진행된다)

$$CaCO_3(s) \rightleftarrows CaO(s) + CO_2(g) \qquad K_P = 0.1$$

㉠ 온도 T의 평형 상태에서 $CO_2(g)$의 부분 압력은 0.1atm이다.
㉡ 평형 상태에 $CaCO_3(s)$를 더하면 생성물의 양이 많아진다.
㉢ 평형 상태에서 $CO_2(g)$를 일부 제거하면 $CaO(s)$의 양이 많아진다.

① ㉠, ㉡
② ㉠, ㉢
③ ㉡, ㉢
④ ㉠, ㉡, ㉢

19 25°C, 1atm에서 메테인(CH_4)이 연소되는 반응의 열화학 반응식과 4가지 결합의 평균 결합 에너지이다. 제시된 자료로부터 구한 a는?

$$CH_4(g) + 2O_2(g) \rightarrow CO_2(g) + 2H_2O(g) \qquad \Delta H = a \text{ kcal}$$

결합	C−H	O=O	C=O	O−H
평균 결합 에너지[kcal mol^{-1}]	100	120	190	110

① −180
② −40
③ 40
④ 180

20 다니엘 전지의 전지식과, 이와 관련된 반응의 표준 환원 전위(E^{o})이다. Zn^{2+}의 농도가 0.1 M이고, Cu^{2+}의 농도가 0.01M인 다니엘 전지의 기전력[V]에 가장 가까운 것은? (단, 온도는 25°C로 일정하다)

> $Zn(s) \mid Zn^{2}+(aq) \parallel Cu^{2+}(aq) \mid Cu(s)$
> $Zn^{2+}(aq)+2e^{-} \rightleftarrows Zn(s)$ $E^{0}=-0.76V$
> $Cu^{2+}(aq)+2e^{-} \rightleftarrows Cu(s)$ $E^{0}=0.34V$

① 1.04
② 1.07
③ 1.13
④ 1.16

---

18 ㉠ $K_P = P_{CO_2} = 0.1$에서 $CO_2(g)$의 부분 압력은 0.1 atm이다.
㉡ 불균일 평형 과정이므로 고체를 첨가한다고 해서 화학평형 이동에는 영향을 끼치지 않으며, 따라서 생성물의 양에는 변화가 없다.
㉢ 평형 상태에서 생성물의 농도가 감소하면 르샤틀리에 원리에 따라 생성물의 농도가 증가하는 방향으로 평형이 이동하므로 생성물인 $CO_2(g)$ 양이 증가한다.

19 $\Delta H^{\circ} = \sum n_r H_b{}^{\circ}{}_{반응물} - \sum n_p H_b{}^{\circ}{}_{생성물}$
$= [4H_b{}^{\circ}{}_{(C-H)} + 2H_b{}^{\circ}{}_{(O=O)}] - [2H_b{}^{\circ}{}_{(C=O)} + 4H_b{}^{\circ}{}_{(O-H)}]$
$= [4\times100+2\times120]-[2\times190+4\times110] = -180(kcal)$

20 $E^{\circ} = \dfrac{RT}{nF}\ln K = \dfrac{0.0592}{n}\log K$

$E = E^{\circ} - \dfrac{0.0592}{n}\log\dfrac{[Zn^{2+}]}{[Cu^{2+}]} = 0.34-(-0.76)-\dfrac{0.0592}{2}\log\dfrac{0.1}{0.01} = 1.10-\dfrac{0.0592}{2} = 1.07V$

※ 네른스트 식
$\Delta G = \Delta G^{\circ} + RT\ln K$
$-nFE = -nFE^{\circ} + RT\ln K$
$E = E^{\circ} - \dfrac{RT}{nF}\ln Q = E^{\circ} - \dfrac{0.0592}{n}\log Q$

정답 및 해설 18.② 19.① 20.②

2023 | 6월 10일 | 제1회 지방직 시행

1 0.5M 포도당($C_6H_{12}O_6$) 수용액 100mL에 녹아 있는 포도당의 양[g]은? (단, C, H, O의 원자량은 각각 12, 1, 16이다)

① 9

② 18

③ 90

④ 180

2 다음은 물질을 2가지 기준에 따라 분류한 그림이다. (가)~(다)에 대한 설명으로 옳은 것은?

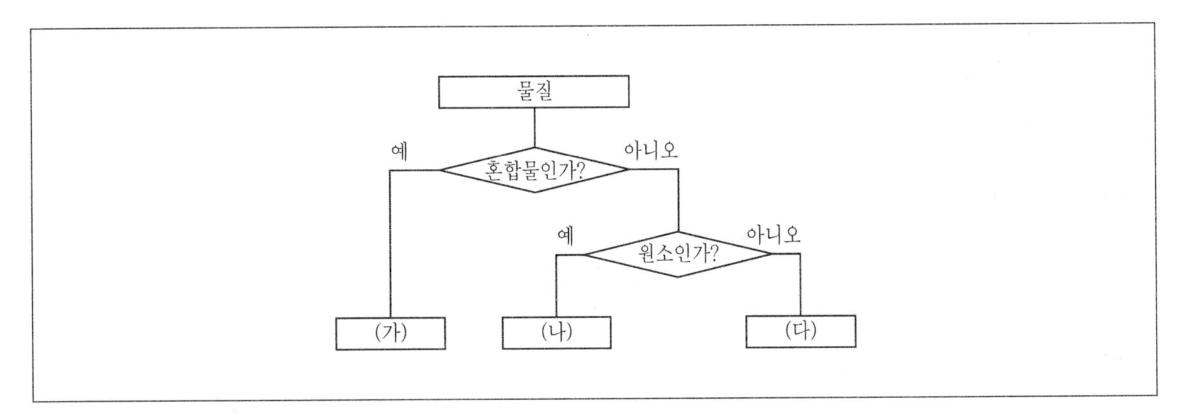

① 철(Fe)은 (가)에 해당한다.

② 산소(O_2)는 (가)에 해당한다.

③ 석유는 (나)에 해당한다.

④ 메테인(CH_4)은 (다)에 해당한다.

3 다음 다원자 음이온에 대한 명명으로 옳지 않은 것은?

음이온	명명
① NO_2^-	질산 이온
② HCO_3^-	탄산수소 이온
③ OH^-	수산화 이온
④ ClO_4^-	과염소산 이온

4 1.0M KOH 수용액 30mL와 2.0M KOH 수용액 40mL를 섞은 후 증류수를 가해 전체 부피를 100mL로 만들었을 때, KOH 수용액의 몰농도[M]는? (단, 온도는 25°C이다)

① 1.1
② 1.3
③ 1.5
④ 1.7

1 0.5M 포도당 수용액에는 용액 1L(=1,000mL) 안에 포도당이 0.5몰 녹아 있다. 포도당 1몰의 질량은 포도당을 구성하고 있는 원자들의 원자량 합과 동일하므로, $(12\times6)+(1\times12)+(16\times6)=180$이다. 즉, 0.5M 포도당 수용액 1,000mL에는 포도당 90g이 녹아 있다. 따라서 문제에서 주어진 포도당 수용액 100mL 안에는 포도당이 9g 녹아 있음을 구할 수 있다.

2 (가) : 혼합물, (나) : 원소(홑원소 물질), (다) : 화합물
① 철(Fe)은 한 가지 원소로 이루어진 순물질(홑원소 물질)이므로 (나)에 해당한다.
② 산소(O_2)는 한 가지 원소로 이루어진 순물질(홑원소 물질)이므로 (나)에 해당한다.
③ 석유는 여러 가지 물질이 혼합된 불균일 혼합물이므로 (가)에 해당한다.
④ 메테인(CH_4)은 두 가지 이상의 원소가 화합하여 만들어진 화합물이므로 (다)에 해당한다.

3 NO_2^-의 이름은 아질산 이온이다.

4 몰농도의 정의는 용액 1L에 들어있는 용질의 몰수(mol/L)이다. 따라서 KOH 수용액에 들어있는 용질의 몰수를 구하고, 이를 전체 부피로 나누면 몰농도를 구할 수 있다.

$$(\text{몰농도}) = \frac{1.0\text{M}\times\frac{30}{1000}\text{L}+2.0\text{M}\times\frac{40}{1000}\text{L}}{\frac{100}{1000}\text{L}} = 1.1\,\text{mol/L} = 1.1\text{M}$$

정답 및 해설 1.① 2.④ 3.① 4.①

5 끓는점이 Cl_2<Br_2 < I_2의 순서로 높아지는 이유는?

① 분자량이 증가하기 때문이다.
② 분자 내 결합 거리가 감소하기 때문이다.
③ 분자 내 결합 극성이 증가하기 때문이다.
④ 분자 내 결합 세기가 증가하기 때문이다.

6 다음은 3주기 원소 중 하나의 순차적 이온화 에너지(IEn[kJ mol^{-1}])를 나타낸 것이다. 이 원자에 대한 설명으로 옳은 것만을 모두 고른 것은?

IE_1	IE_2	IE_3	IE_4	IE_5
578	1817	2745	11577	14842

㉠ 바닥 상태의 전자 배치는 $[Ne]3s^2 3p^2$이다.
㉡ 가장 안정한 산화수는 +3이다.
㉢ 염산과 반응하면 수소 기체가 발생한다.

① ㉠
② ㉢
③ ㉠, ㉡
④ ㉡, ㉢

7 황(S)의 산화수가 가장 큰 것은?

① K_2SO_3
② $Na_2S_2O_3$
③ $FeSO_4$
④ CdS

5 할로젠의 이원자 분자는 무극성 분자이고, 무극성 분자 사이에는 다른 분자간 힘은 작용하지 않고 오직 분산력만이 작용한다. 분자의 크기가 크고 표면적이 클수록 편극(polarization)이 되기 쉬우며, 따라서 분자량이 클수록 분산력이 크게 작용하여 끓는점이 높아진다. 따라서 끓는점은 Cl_2 < Br_2 < I_2의 순서로 높아진다.

6 ㉠ IE_3와 IE_4 사이의 차이가 크게 나타나므로 13족에 속한다고 추론할 수 있으며, 문제에서 3주기 원소라고 하였으므로 해당 원소는 Al(알루미늄)이다. 알루미늄의 바닥 상태 전자배치는 $[Ne]3s^2 3p^1$이다.

㉡ 13족 원소는 원자가 전자 수가 3개이므로, 전자 3개를 잃으면 옥텟을 만족하므로 안정하다. 따라서 가장 안정한 산화수는 +3이다.

㉢ 알루미늄과 염산이 반응하면 수소 기체가 발생한다.
($2Al + 6HCl \rightarrow 2AlCl_3 + 3H_2 \uparrow$)

7 ① K_2SO_3 $(+1)\times 2 + S + (-2)\times 3 = 0$ $\therefore S = +4$

② $Na_2S_2O_3$ $(+1)\times 2 + S\times 2 + (-2)\times 3 = 0$ $\therefore S = +2$

③ $FeSO_4$ $(+2) + S + (-2)\times 4 = 0$ $\therefore S = +6$

④ CdS $(+2) + S = 0$ $\therefore S = -2$

정답 및 해설 5.① 6.④ 7.③

8 다음은 3주기 원소로 이루어진 이온성 고체 AX의 단위 세포를 나타낸 것이다. 이에 대한 설명으로 옳지 않은 것은?

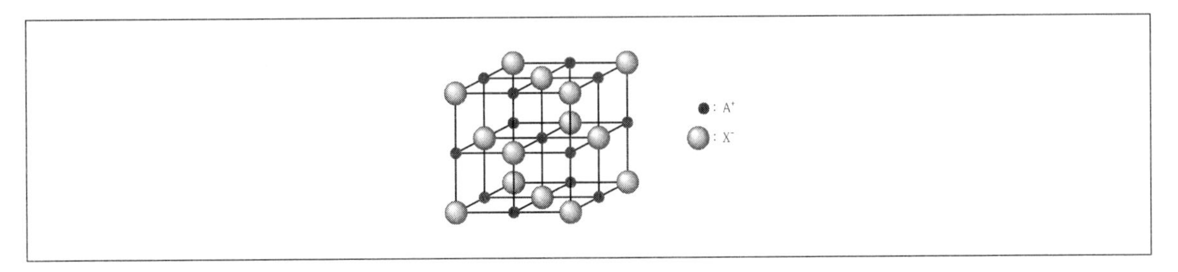

① 단위 세포 내에 있는 A 이온과 X 이온의 개수는 각각 4이다.

② A 이온과 X 이온의 배위수는 각각 6이다.

③ A(s)는 전기적으로 도체이다.

④ AX(l)는 전기적으로 부도체이다.

9 다음 분자에 대한 설명으로 옳지 않은 것은?

① SO_2는 굽은형 구조를 갖는 극성 분자이다.

② BeF_2는 선형 구조를 갖는 비극성 분자이다.

③ CH_2Cl_2는 사각 평면 구조를 갖는 극성 분자이다.

④ CCl_4는 정사면체 구조를 갖는 비극성 분자이다.

10 다음 분자에 대한 설명으로 옳지 않은 것은?

① 카복실산 작용기를 가지고 있다.

② 에스터화 반응을 통해 합성할 수 있다.

③ 모든 산소 원자는 같은 평면에 존재한다.

④ sp^2 혼성을 갖는 산소 원자의 개수는 2이다.

---

8 3주기 원소로 이루어진 이온결합 물질인 NaCl을 나타내고 있다.

① 단위 세포 내에 있는 A 이온과 X 이온의 개수는 다음과 같이 각각 4이다.

$(\text{A 이온}) = 1\times1(\text{체심}) + 12\times\frac{1}{4}(\text{모서리}) = 4$

$(\text{X 이온}) = 8\times\frac{1}{8}(\text{꼭짓점}) + 6\times\frac{1}{2}(\text{면}) = 4$

② 하나의 A 이온은 6개의 X 이온으로 둘러싸여 있으며, 역시 하나의 X 이온은 6개의 A 이온으로 둘러싸여 있는 면심입방 구조이다. 따라서 A 이온과 X 이온의 배위수는 각각 6이다.

③ 이온성 고체에서 양이온을 이루는 A(*s*)는 Na(*s*)이며, 금속이다. 따라서 전기적으로 도체이다.

④ 이온 결합으로 이루어진 물질은 고체에서는 전기 전도성이 없으나, 수용액이나 용융 상태에서는 전기 전도성이 있다. 따라서 AX(*l*)는 전기적으로 도체이다.

〈참고〉 단위 세포 속의 입자 수

$$N = N_{\text{체심}} + \frac{N_{\text{면심}}}{2} + \frac{N_{\text{모서리}}}{4} + \frac{N_{\text{꼭짓점}}}{8}$$

9 CH_2Cl_2는 사면체(입체) 구조를 갖는 극성 분자이다.

10 ① 벤젠고리 위쪽에 카복실산 작용기(-COOH)를 가지고 있다.

② 벤젠고리와 메틸기 사이에 에스터 결합이 형성되어 있으며, 이 에스터 결합은 카복실산과 알코올 사이의 축합중합 반응인 에스터화 반응을 통해 형성될 수 있다.

③ 산소 원자는 sp^3(사면체) 혼성과 sp^2(평면삼각형) 혼성을 가지고 있어 같은 평면에 존재하지 않는다.

④ sp^2 혼성을 갖는 산소 원자는 탄소와 이중결합을 하고 있는 산소로서 총 2개이다.

정답 및 해설 8.④ 9.③ 10.③

11 다음 알렌(allene) 분자에 대한 설명으로 옳은 것만을 모두 고르면?

$$\begin{matrix} H_a & & & & H_c \\ & \diagdown & & \diagup & \\ & & C=C=C & & \\ & \diagup & & \diagdown & \\ H_b & & & & H_d \end{matrix}$$

㉠ H_a와 H_b는 같은 평면 위에 있다.
㉡ H_a와 H_c는 같은 평면 위에 있다.
㉢ 모든 탄소는 같은 평면 위에 있다.
㉣ 모든 탄소는 같은 혼성화 오비탈을 가지고 있다.

① ㉠, ㉡
② ㉠, ㉢
③ ㉡, ㉣
④ ㉢, ㉣

12 다음은 산성 수용액에서 일어나는 균형 화학 반응식이다. 염기성 조건에서의 균형 화학 반응식으로 옳은 것은?

$$Co(s) + 2H+(aq) \rightarrow Co^{2+}(aq) + H_2(g)$$

① $Co^{2+}(aq) + H_2(g) \rightarrow Co(s) + 2H^+(aq)$

② $Co(s) + 2OH^-(aq) \rightarrow Co^{2+}(aq) + H_2(g)$

③ $Co(s) + H_2O(l) \rightarrow Co^{2+}(aq) + H_2(g) + OH^-(aq)$

④ $Co(s) + 2H_2O(l) \rightarrow Co^{2+}(aq) + H_2(g) + 2OH^-(aq)$

13 다음 각 0.1M 착화합물 수용액 100mL에 0.5 M $AgNO_3$ 수용액 100mL씩을 첨가했을 때, 가장 많은 양의 침전물이 얻어지는 것은?

① $[Co(NH_3)_6]Cl_3$

② $[Co(NH_3)_5Cl]Cl_2$

③ $[Co(NH_3)_4Cl_2]Cl$

④ $[Co(NH_3)_3Cl_3]$

11 ㉠ 가장 왼쪽에 위치한 탄소는 sp^2 혼성 오비탈을 가지므로, 평면 삼각형의 구조를 가진다. 따라서 H_a와 H_b는 같은 평면 위에 있다.

㉢ 알렌 분자를 이루는 탄소의 개수는 3개이며, 평면의 결정 조건(점 3개)에 따라서 모든 탄소는 동일 평면 상에 존재한다.

〈바로 알기〉

㉡ 모든 탄소 간 결합은 이중 결합이므로 꺾임이 발생하며, 따라서 H_a와 H_c는 다른 평면 위에 존재한다.

㉣ 가운데 위치한 탄소는 sp 혼성 오비탈, 양쪽에 끝에 위치한 탄소는 sp^2 혼성 오비탈을 가진다.

12 염기성 조건에서의 균형 화학 반응식에서는 반응식 내에 OH^- 이온이 나타난다. 또한 산화되는 물질의 산화수 변화량과 환원되는 물질의 산화수 변화량이 같아야 한다. 아울러 반응물과 생성물의 몰수가 같아야 하며, 양쪽의 전하 균형이 맞아야 한다. 이 모든 조건을 만족시키는 것은 ④이다.

13 이온과 염화 이온이 반응하면 불용성 염이 생성되면서 침전물인 염화 은이 생성된다. 착화합물과 관련해서 염화 이온이 리간드로 작용할 경우 침전물이 생성되지 않지만, 착이온에 이온결합을 하고 있는 염화 이온은 침전물을 형성한다. 따라서 이 문제에서는 각 보기에 주어진 화합물에서 착이온에 이온 결합으로 결합되어 있는 염화 이온의 몰수를 파악하는 문제이며, 이것이 많을수록 많은 양의 침전물이 생성된다. 보기에 주어진 착화합물에 대해 계산해보면 다음과 같다.

	이온결합으로 결합된 Cl^- 몰수	첨가한 Ag^+ 몰수	침전(AgCl) 몰수
① $[Co(NH_3)_6]Cl_3$	0.03	0.05	0.03
② $[Co(NH_3)_5Cl]Cl_2$	0.02	0.05	0.02
③ $[Co(NH_3)_4Cl_2]Cl$	0.01	0.05	0.01
④ $[Co(NH_3)_3Cl_3]$	0	0.05	0

정답 및 해설 11.② 12.④ 13.①

14 A + B → C 반응에서 A와 B의 초기 농도를 달리하면서 C가 생성되는 초기 속도를 측정하였다. 속도 = k $[A]^a[B]^b$라고 나타낼 때, a, b로 옳은 것은?

실험	A[M]	B[M]	C의 초기 생성 속도[$M\ s^{-1}$]
1	0.01	0.01	0.03
2	0.02	0.01	0.12
3	0.01	0.02	0.12
4	0.02	0.02	0.48

	a	b
①	1	1
②	1	2
③	2	1
④	2	2

15 다음 열화학 반응식에 대한 설명으로 옳지 않은 것은? (단, C, H, O의 원자량은 각각 12, 1, 16이다)

$$C_2H_5OH(l) + 3O_2(g) \rightarrow 2CO_2(g) + 3H_2O(l) \quad \Delta H = -1371\,kJ$$

① 주어진 열화학 반응식은 발열 반응이다.

② CO_2 4mol과 H_2O 6mol이 생성되면 2742kJ의 열이 방출된다.

③ C_2H_5OH 23g이 완전 연소되면 H_2O 27g이 생성된다.

④ 반응물과 생성물이 모두 기체 상태인 경우에도 ΔH는 동일하다.

16 298 K에서 다음 반응에 대한 계의 표준 엔트로피 변화(ΔS°)는? (단, 298 K에서 $N_2(g)$, $H_2(g)$, $NH_3(g)$의 표준 몰 엔트로피[$J\ mol^{-1}\ K^{-1}$]는 각각 191.5, 130.6, 192.5이다)

$$N_2(g) + 3H_2(g) \rightarrow 2NH_3(g)$$

① −129.6　　② 129.6

③ −198.3　　④ 198.3

14 실험 1과 실험 2를 비교해보면, B의 농도가 일정한 상태에서 A의 농도를 2배로 변화(0.01 M → 0.02 M)시켰을 때 C의 초기 생성속도는 4배(0.03 Ms^{-1} → 0.12 Ms^{-1})가 됨을 확인할 수 있다. 따라서 이 반응은 A에 대해 2차 반응이다. 같은 방식으로 실험 1과 실험 3을 비교해보면, A의 농도가 일정한 상태에서 B의 농도를 2배로 변화(0.01 M → 0.02 M)시켰을 때 C의 초기 생성속도는 역시 4배(0.03 Ms^{-1} → 0.12 Ms^{-1})가 됨을 확인할 수 있으므로 이 반응은 B에 대해 2차 반응이다. 따라서 $a = b = 2$이다.

15 ① 주어진 열화학 반응식의 $\Delta H < 0$이므로 발열 반응이다.

② 주어진 열화학 반응식의 계수에 따르면 CO_2 기체 2mol과 H_2O 액체 3mol이 생성되면 1371kJ의 열이 방출된다. 따라서 생성물이 2배가 되는 CO_2 기체 4mol과 H_2O 액체 6mol이 생성되면 1371×2 = 2742 kJ의 열이 방출된다.

③ C_2H_5OH(에탄올)의 분자량은 46이다. 따라서 에탄올 23g(=0.5mol)이 완전 연소되면 H_2O 1.5mol이 생성되며, 이의 질량은 18×1.5 = 27g이 생성된다.

④ 열화학 반응식은 반응물과 생성물의 상태가 변하면 출입하는 열량이 달라진다. 따라서 반응물과 생성물이 모두 기체 상태로 바뀌는 경우에는 ΔH가 변화한다.

16 엔트로피 변화(ΔS)는 최종 생성물 상태의 엔트로피에서 초기 반응물 상태의 엔트로피를 뺀 값으로 정의된다. 따라서 다음과 같이 계산할 수 있다.

$\Delta S = S_f - S_i = 2 \times 192.5 - (191.5 + 3 \times 130.6) = -198.3\ J mol^{-1} K^{-1}$

정답 및 해설 14.④ 15.④ 16.③

17 산화-환원 반응이 아닌 것은?

① $2HCl + Mg \rightarrow MgCl_2 + H_2$

② $CH_4 + 2O_2 \rightarrow CO_2 + 2H_2O$

③ $CO_2 + H_2O \rightarrow H_2CO_3$

④ $3NO_2 + H_2O \rightarrow 2HNO_3 + NO$

18 다음은 평형에 놓여있는 화학 반응이다. 이에 대한 설명으로 옳은 것은?

$$SnO_2(s) + 2CO(g) \rightleftarrows Sn(s) + 2CO_2(g)$$

① 반응 용기에 SnO_2를 더 넣어주면 평형은 오른쪽으로 이동한다.

② 평형 상수(K_c)는 $\frac{[CO_2]^2}{[CO]^2}$이다.

③ 반응 용기의 온도를 일정하게 유지하면서 CO의 농도를 증가시키면 평형 상수(K_c)는 증가한다.

④ 반응 용기의 부피를 증가시키면 생성물의 양이 증가한다.

17 산화-환원의 정의

	산소(O)	수소(H)	전자(e−)	산화수
산화(Oxidation)	얻는다	잃는다	잃는다	증가
환원(Reduction)	잃는다	얻는다	얻는다	감소

① 수소(H)의 산화수가 +1에서 0으로 감소(환원)하고, 마그네슘(Mg)의 산화수가 0에서 +2로 증가(산화)하였으므로 산화-환원 반응이다.

② 탄소(C)는 수소를 잃고 산소와 결합하였으므로 산화되었다. 산소(O)의 산화수는 0에서 -2로 감소하였으므로 환원되었다. 따라서 이 반응은 산화-환원 반응이다.

③ 모든 원소의 산화수의 변화가 없으므로 이 반응은 산화-환원 반응이 아니다.

④ NO_2가 동시에 산화되고 환원되어 각각 HNO_3와 NO를 만드는 불균등화 반응이다. 산화수 변화는 NO_2(+4)에서 HNO_3(+5, 증가)와 NO(+2, 감소)가 됨을 확인할 수 있다.

18

고체와 기체가 불균일 평형을 이루고 있으므로, 평형 상수(Kc)는 고체를 제외하고 기체로만 구성된 $\frac{[CO_2]^2}{[CO]^2}$ 이다.

〈바로 알기〉

① SnO_2는 고체 상태이므로 반응 용기에 SnO_2를 더 넣어준다고 하더라도 평형에 영향을 끼치지 못한다.

③ 평형 상수는 온도에 의해서만 변화한다. 따라서 반응 용기의 온도를 일정하게 유지할 경우, 다른 조건을 변화시킨다고 하더라도 평형 상수(Kc)는 변하지 않는다.

④ 화학 반응식에서 기체 상태의 반응물과 생성물의 계수는 2로서 동일하다. 따라서 반응 용기의 부피를 변화시키거나 압력을 변화시킨다고 하더라도 평형에 영향을 주지 못한다.

정답 및 해설 17.③ 18.②

19 원자가 결합 이론에 근거한 NO에 대한 설명으로 옳지 않은 것은?

① NO는 각각 한 개씩의 σ결합과 π결합을 가진다.
② NO는 O에 홀전자를 가진다.
③ NO의 형식 전하의 합은 0이다.
④ NO는 O_2와 반응하여 쉽게 NO_2로 된다.

20 대기 오염 물질에 대한 설명으로 옳지 않은 것은?

① 이산화 황(SO_2)은 산성비의 원인이 된다.
② 휘발성 유기 화합물(VOCs)은 완전 연소된 화석 연료로부터 주로 발생한다.
③ 일산화 탄소(CO)는 혈액 속 헤모글로빈과 결합하여 산소 결핍을 유발한다.
④ 오존(O_3)은 불완전 연소된 탄화수소, 질소 산화물, 산소 등의 반응으로 생성되기도 한다.

19 원자가 결합 이론을 고려한 일산화 질소(NO)의 루이스 구조식은 다음과 같이 나타낼 수 있다.

① 질소(N)와 산소(O) 사이의 결합은 이중 결합이며, 따라서 σ결합 1개와 π결합 1개로 구성된다.
② 루이스 구조의 형식전하를 계산해 보면 상기 구조일 때 N과 O에 형식전하가 모두 0으로 나타나는 안정한 구조이다. 따라서 NO는 N에 홀전자를 가질 때 더욱 안정하다.
③ 앞서 설명한 것과 같이 N과 O에 형식전하가 모두 0으로 나타나므로 NO의 형식 전하의 합은 0이다.
④ 공기중에서 NO의 생성 반응은 자동차 엔진룸과 같은 고온 조건에서 잘 일어나지만, NO가 산화되어 NO_2가 되는 반응은 발열반응이므로 비교적 온도가 낮은 상온에서도 일어난다. 따라서 NO는 O_2와 반응하여 쉽게 NO_2로 된다.

20 끓는점이 낮아서 대기 중으로 쉽게 증발되는 액체 또는 기체상 유기화합물을 VOC라고도 하는데, 산업체에서 많이 사용하는 용매에서 화학 및 제약공장이나 플라스틱 건조공정에서 배출되는 유기가스에 이르기까지 매우 다양하며 끓는점이 낮은 액체연료, 파라핀, 올레핀, 방향족화합물 등 생활 주변에서 흔히 사용하는 탄화수소류가 거의 해당된다. VOC는 대기 중에서 질소 산화물(NOx)과 함께 광화학반응으로 오존 등 광화학 산화제를 생성하여 광화학스모그를 유발하기도 하고, 벤젠과 같은 물질은 발암성 물질로서 인체에 매우 유해하며, 스타이렌을 포함하여 대부분의 VOC는 악취를 일으키는 물질로 분류할 수 있다. 주요 배출원으로는 유기용제 사용시설, 도장시설, 세탁소, 저유소, 주유소 및 각종 운송 수단의 연소되지 않은 연료 배기가스 등의 인위적 배출원과 나무와 같은 자연적 배출원이 있다.

정답 및 해설 19.② 20.②

2024 | 6월 22일 | 제1회 지방직 시행

1 다음 이온화 에너지를 가지는 3주기 원소는?

구분	1차	2차	3차	4차
이온화 에너지 [$kJ\ mol^{-1}$]	578	1,817	2,745	11,577

① P
② Si
③ Al
④ Mg

2 일정한 온도에서 1atm, 7L의 이상기체가 14L로 팽창하였을 때, 기체의 압력[mmHg]은?

① 380
② 500
③ 580
④ 760

3 다음 반응에서 평형을 오른쪽으로 이동시킬 수 있는 방법으로 옳은 것만을 모두 고르면?

$$SnO_2(s) + 2CO(g) \rightleftarrows Sn(s) + 2CO_2(g)$$

㉠ 온도를 낮춘다.
㉡ 정촉매를 사용한다.
㉢ 압력을 감소시킨다.
㉣ N_2의 농도를 증가시킨다.

① ㉠, ㉢
② ㉠, ㉣
③ ㉡, ㉣
④ ㉢, ㉣

4 원자가 껍질 전자쌍 반발(VSEPR) 이론으로 예측한 분자의 결합각으로 옳지 않은 것은?

① BF_3의 F − B − F 결합각은 120°이다.

② H_2S의 H − S − H 결합각은 180°이다.

③ CH_4의 H − C − H 결합각은 109.5°이다.

④ H_2O의 H − O − H 결합각은 104.5°이다.

1 문제에서 주어진 순차 이온화 에너지 표에 따르면 3차와 4차 이온화 에너지 차이가 크게 나타나고 있음을 알 수 있다. 따라서 이 원소는 원자가 전자가 3개인 13족 원소이며, 3주기 13족 원소는 알루미늄(Al)이다.

2 보일의 법칙 및 이상기체 상태 방정식(PV=nRT)에서 기체의 양(몰수)과 온도가 일정할 때 부피가 2배로 변하면 압력은 그에 반비례하여 $\frac{1}{2}$이 된다. 즉, $1\text{atm} \times 7\text{L} = x \times 14\text{L} =$ 일정하므로 7L의 이상기체가 14L로 팽창하였을 때 기체의 압력은 0.5atm = 380mmHg이다.

3 르 샤틀리에의 원리(Le Chatelier's Principle)는 가역 반응이 평형 상태에 있을 때 농도, 압력, 온도 등의 조건을 변화시키면 화학계는 그 변화를 감소시키는 방향, 즉 변화를 상쇄시키는 방향으로 평형이 이동하여 새로운 평형에 도달한다는 원리를 말한다. 평형 이동의 법칙이라고도 한다.

㉠ 문제에서 주어진 정반응은 발열 반응이므로 주위의 온도를 낮춰주면 정반응 쪽인 오른쪽으로 평형을 이동시킬 수 있다.

㉡ 촉매는 화학반응에 관여하는 활성화 에너지의 크기를 조절하여 반응 속도를 빠르게(정촉매) 또는 느리게(부촉매) 할 뿐, 평형 이동과는 관계가 없다.

㉢ 문제에서 주어진 반응은 반응물과 생성물이 모두 기체 상태인 반응이다. 따라서 반응물의 계수의 합(1+3=4)이 생성물의 계수의 합(2)보다 크므로 평형을 오른쪽으로 이동시키기 위해서는 압력을 증가시켜야 한다.

㉣ 반응물인 N_2나 H_2의 농도를 증가시키면 정반응 쪽인 오른쪽으로 평형이 이동된다. 생성물인 NH_3의 농도를 감소시켜도 같은 방향으로 평형을 이동시킬 수 있다.

4 ② H_2S는 SN가 4이고, 그중 비공유 전자쌍이 2쌍 있으므로, H−S−H 결합각은 109.5°보다 작다. 실제 결합각은 약 92.1°로 알려져 있다.

정답 및 해설 1.③ 2.① 3.② 4.②

5 25℃, 5atm에서 1L의 반응기에 $H_2(g)$와 $N_2(g)$가 3 : 1의 몰 비로 혼합되어 있을 때, H_2의 부분 압력(P_{H_2})[atm]과 N_2의 부분 압력(P_{N_2})[atm]은? (단, 기체는 이상기체이고, 혼합기체는 반응하지 않는다)

	P_{H_2}	P_{N_2}
①	1.25	3.75
②	1.50	3.50
③	3.50	1.50
④	3.75	1.25

6 다음 원자와 이온 중 반지름이 가장 작은 것은?

① F
② F^-
③ O^{2-}
④ S^{2-}

7 분자 간 인력에 대한 설명으로 옳은 것만을 모두 고르면?

> ㉠ 분산력은 극성 분자와 무극성 분자 모두에서 발견된다.
> ㉡ 분자식이 C_4H_{10}인 구조 이성질체의 끓는점은 서로 다르다.
> ㉢ HBr 분자 간 인력의 세기는 Br_2 분자 간 인력의 세기와 같다.

① ㉠
② ㉡
③ ㉠, ㉡
④ ㉠, ㉢

8 밀폐된 공간에서 반감기가 3.8일인 라돈(Rn) 102.4mg이 붕괴되어 3.2mg으로 되는 데 경과되는 시간[일]은?

① 3.8
② 19
③ 22.8
④ 38

5 $H_2(g)$와 $N_2(g)$가 3 : 1의 몰 비로 혼합되어 있다고 하였으므로 $H_2(g)$와 $N_2(g)$의 몰 분율은 각각 $\frac{3}{1+3}=\frac{3}{4}$, $\frac{1}{1+3}=\frac{1}{4}$이다. 따라서 $H_2(g)$와 $N_2(g)$의 부분 압력은 다음과 같다.

$P_{H_2}=5\times\frac{3}{4}=\frac{15}{4}=3.75[atm]$

$P_{H_2}=5\times\frac{1}{4}=\frac{5}{4}=1.25[atm]$

6
- 먼저 S^{2-}는 전자껍질 수가 3개이고 나머지 원자와 이온들의 전자껍질 수가 2개이므로 S^{2-}의 반지름이 보기 중에 가장 크다.
- 전자껍질 수가 같은 F과 O 중에서는 F의 핵 전하량(+9)이 O의 핵 전하량(+8)보다 크므로 원자가 전자들을 더 강하게 끌어당길 수 있어 F이나 F^-의 반지름이 O^{2-}의 반지름보다 작다.
- F과 F^-은 핵 전하량은 동일하나 F^-의 최외각 전자 수(8)가 F의 최외각 전자 수(7)보다 작으므로 전자 간 반발력이 더 크게 나타나서 반지름은 $F < F^-$ 순으로 나타난다.

∴ 이상의 이유에서 원자와 이온 반지름은 $F < F^- < O^{2-} < S^{2-}$의 순이다.

7 ㉠ 분산력은 극성의 유무에 상관 없이 모든 분자에서 나타나는 분자간 힘이다. 따라서 극성 분자와 무극성 분자 모두에서 발견된다.

㉡ 분자식이 C_4H_{10}인 뷰테인은 n-뷰테인과 iso-뷰테인의 2가지의 구조 이성질체를 가진다. n-뷰테인과 iso-뷰테인의 분자식과 분자량은 같으나 분자의 표면적이 큰 n-뷰테인의 끓는점이 iso-뷰테인의 끓는점보다 높게 나타난다.

㉢ HBr 분자 사이에는 극성에 의한 쌍극자-쌍극자 힘과 분산력이 작용하며, Br_2 분자 사이에서는 분산력만이 작용한다. 또한 HBr 분자와 Br_2 분자의 분자량도 상당히 차이가 있다. 따라서 HBr 분자 간 인력의 세기는 Br_2 분자 간 인력의 세기와 다르다.

8 시간이 지남에 따라 라돈(Rn)이 원래 양의 $\frac{3.2}{102.4}=\frac{1}{32}=(\frac{1}{2})^5$이 되었고, 이로부터 반감기가 5번 지났음을 알 수 있다. 따라서 $3.8\times5=19$[일]이 지났음을 알 수 있다.

정답 및 해설 5.④ 6.① 7.③ 8.②

9 산화수에 대한 계산으로 옳지 않은 것은?

① SO_2에서 S와 O의 산화수의 합은 +2이다.
② NaH에서 Na와 H의 산화수의 합은 0이다.
③ N_2O_5에서 N과 O의 산화수의 합은 +3이다.
④ $KMnO_4$에서 K, Mn, O의 산화수의 합은 +5이다.

10 1M의 HCl 수용액 100mL에 대한 설명으로 옳은 것만을 모두 고르면? (단, 온도는 25℃이고, HCl과 NaOH는 물에서 완전히 해리된다)

> ㉠ 500 mL의 증류수를 첨가하면 0.2M이 된다.
> ㉡ 용액 안에 존재하는 이온의 총량은 2mol이다.
> ㉢ 페놀프탈레인 용액을 넣었을 때 색이 변하지 않는다.
> ㉣ 2M의 NaOH 수용액 50mL를 첨가하면 pH는 7이다.

① ㉠, ㉢
② ㉠, ㉣
③ ㉡, ㉢
④ ㉢, ㉣

11 Rutherford의 알파 입자 산란 실험과 Rutherford가 제안한 원자 모형에 대한 설명으로 옳은 것만을 모두 고르면?

> ㉠ 전자는 양자화된 궤도를 따라 핵 주위를 움직인다.
> ㉡ 금 원자 질량의 대부분과 모든 양전하는 원자핵에 집중되어 있다.
> ㉢ 금박에 알파 입자를 조사했을 때 대부분의 알파 입자는 산란하지 않고 투과한다.

① ㉠
② ㉡
③ ㉡, ㉢
④ ㉠, ㉡, ㉢

9 ① SO_2에서 S의 산화수는 +4, O의 산화수는 -2이다. 따라서 S와 O의 산화수의 합은 +2이다.

② 중성 화합물의 산화수 합은 0이다. 따라서 Na 원자 1개와 H 원자 1개로만 이루어진 NaH에서 Na와 H의 산화수의 합은 0이다. 참고로 Na의 산화수는 +1, H의 산화수는 -1이다.

③ N_2O_5에서 N의 산화수는 +5, O의 산화수는 -2이다. 따라서 N과 O의 산화수의 합은 +3이다.

④ $KMnO_4$에서 K의 산화수는 +1, Mn의 산화수는 +7, O의 산화수는 -2이다. 따라서 K, Mn, O의 산화수의 합은 +6이다.

〈참고〉

다음은 화합물의 산화수를 결정할 때 알아두면 편리한 규칙으로, 약간의 예외가 있을 수 있다. 만약 규칙들이 상충될 경우 우선순위가 높은 규칙에 따르므로 다음 규칙을 순서대로 암기하는 것을 추천한다.

① 화합물에서 F의 산화수는 항상 -1이다.

② 화합물에서 1족 금속 원소(Li, Na, K)는 +1, 2족 금속 원소(Be, Mg, Ca)는 +2, 13족 금속 원소(Al)는 +3의 산화수를 갖는다.

③ 화합물에서 H의 산화수는 +1이다.

④ 화합물에서 O의 산화수는 -2이다.

10 ㉠ 1M의 HCl 수용액 100mL에 포함된 HCl의 몰수는 1mol/L × 0.1L = 0.1mol이다. 따라서 여기에 500mL의 증류수를 첨가하면 몰 농도는 $\frac{0.1\,\text{mol}}{0.1\text{L}+0.5\text{L}}=\frac{1}{6}$M이 된다.

㉡ 1M의 HCl 수용액 100mL 안에 존재하는 HCl의 몰수는 0.1mol이다. HCl은 강산으로 물에 녹아 H^+와 Cl^-로 거의 100% 이온화하므로 용액 중 이온의 총량은 0.1 × 2 = 0.2mol이다.

㉢ 페놀프탈레인은 염기성 용액에서 빨간색을 나타내지만, 산성과 중성에서는 색이 변하지 않는다. HCl 수용액은 산성 용액이며, 따라서 페놀프탈레인 용액을 넣었을 때 색이 변하지 않는다.

㉣ 1M의 HCl 수용액 100mL 안에 존재하는 HCl의 몰수는 0.1mol이며, H^+와 Cl^-로 거의 100% 이온화한다. 2M의 NaOH 수용액 50mL에는 2mol/L × 0.05L = 0.1mol의 NaOH가 존재하며, NaOH는 강염기이므로 Na^+와 OH^-로 거의 100% 이온화한다. 따라서 2M의 NaOH 수용액을 첨가하면 H^+와 OH^-가 각각 0.1mol씩 중화 반응하여 중성이 되며, 이때의 pH는 7이다.

11 Rutherford는 알파 입자 산란 실험을 통해 원자핵의 존재를 발견하였다. 이 실험을 통해 Rutherford는 원자 질량의 대부분을 차지하고 있고 양전하를 띠고 있는 원자핵이 원자의 중심에 집중되어 있으며, 원자의 대부분은 빈 공간으로 이루어져 있음을 제안하였다.

㉡ 원자핵은 양성자와 중성자 등으로 이루어져 있는데, 양성자와 중성자는 원자 질량의 대부분을 차지하며, 원자의 구성 입자 중 양전하를 띠는 물질은 양성자가 유일하므로, 모든 양전하는 원자핵에 집중되어 있다고 할 수 있다.

㉢ 금박에 알파 입자를 조사했을 때 대부분의 알파 입자는 산란하지 않고 투과한다. 이로서 원자의 대부분은 빈 공간으로 이루어져 있음이 증명된다.

㉠ Rutherford의 원자 모형은 전자는 원자핵을 중심으로 원 궤도를 따라 핵 주위를 움직인다고 하여 행성 모형이라고 하기도 하는데, 이때 전자가 위치할 수 있는 궤도를 제안하지는 못하였다. 후대에 Bohr는 Rutherford의 원자 모형을 발전시켜 원자핵 주위에 전자가 위치하는 궤도와 가질 수 있는 에너지는 정해져 있으며, 전자가 정해진 궤도 사이를 이동할 때 정해진 에너지를 흡수 또는 방출할 수 있다고 하였다. 이를 에너지가 양자화되었다(quantized)고 하며, Bohr는 수소 원자를 가지고 실험적으로 이를 확인하였다.

정답 및 해설 9.④ 10.④ 11.③

12 다음은 700K에서 H2(g)와 I_2(g)가 반응하여 HI(g)가 생성되는 평형 반응식과 평형상수(K_c)이다. 평형상태에서 10L 반응기에 들어있는 H_2(g)와 I2(g)의 몰수가 각각 1mol과 2mol일 때, HI(g)의 농도[M]는? (단, 기체는 이상기체이다)

$$H_2(g) + I_2(g) \rightleftarrows 2HI(g) \qquad K_c = 60.5$$

① 1.0
② 1.1
③ 10
④ 11

13 NO와 Br_2로부터 NOBr이 만들어지는 반응 메커니즘이 다음과 같을 때, 전체 반응의 속도법칙은? (단, k_1, k_2, k_{-1}은 속도 상수이다)

$$NO(g) + Br_2(g) \underset{k_{-1}}{\overset{k_1}{\rightleftarrows}} NOBr_2(g) \qquad (빠름)$$

$$NOBr_2(g) + NO(g) \xrightarrow{k_2} 2NOBr(g) \quad (느림)$$

① 속도 $= \dfrac{k_1 k_2}{k_{-1}}[NO][Br_2]$

② 속도 $= \dfrac{k_1 k_2}{k_{-1}}[NO]^2[Br_2]$

③ 속도 $= \dfrac{k_{-1} k_2}{k_1}[NO]^2[Br_2]$

④ 속도 $= k_2[NOBr_2][NO]$

14 $_{24}$Cr의 바닥상태 전자배치에서 홀전자로 채워진 오비탈의 개수는?

① 0
② 2
③ 4
④ 6

15 일정한 압력과 온도에서 어떤 화학반응의 $\triangle H$ = 200 kJ mol^{-1}이고 $\triangle S$ = 500 J $mol^{-1}K^{-1}$일 때, 자발적 반응이 일어나는 온도[K]는? (단, H는 엔탈피이고 S는 엔트로피이며 온도에 따른 $\triangle H$와 $\triangle S$의 값은 일정하다)

① 360
② 390
③ 420
④ 온도와 무관하다.

---

12 평형상태에서 10L 반응기에 들어있는 H_2와 I_2의 몰수가 각각 1mol과 2mol이라고 하였으므로, H_2와 I_2의 평형 몰 농도는 각각 $\frac{1}{10}$M, $\frac{2}{10}$M이다. 평형 상수 공식에 따라 $K_c = \frac{[HI]^2}{[H_2][I_2]} = \frac{[HI]^2}{0.1 \times 0.2} = 60.5$이며, 이를 풀면 $[HI]^2 = 1.21$에서 $[HI] = 1.1M$임을 구할 수 있다.

13 문제에 주어진 반응 메커니즘 중 속도 결정 단계는 반응 속도가 느린 2단계 반응이며, 전체 반응 속도는 2단계 반응의 속도와 같다. 따라서 전체 반응 속도식은 $rate = k_2[NOBr_2][NO]$이다. 그런데 여기에서 $NOBr$은 다단계 반응 과정 중 생겼다가 사라지는 중간체이므로 전체 반응 속도식에서는 없애줄 필요가 있다. 그리고 1단계 반응은 가역 반응이고, 반응 평형을 가정하면 정반응의 속도와 역반응의 속도는 동일하다고 할 수 있으므로 $k_1[NO][Br_2] = k_{-1}[NOBr_2]$이다. 즉, $[NOBr_2] = \frac{k_1}{k_{-1}}[NO][Br_2]$이고 이를 전체 반응 속도식에 대입하여 정리하면 $rate = k_2[NOBr_2][NO] = \frac{k_1 k_2}{k_{-1}}[NO]^2[Br_2]$임을 구할 수 있다.

14 원자 오비탈에 전자가 채워지는 순서는 (n + l) 규칙에 따른다. (n + l) 규칙이란, 주 양자 수(n)와 방위 양자 수(l) 값이 작은 에너지 준위가 더 낮아 안정하므로 (n + l) 값이 작은 오비탈부터 전자가 채워지며, (n + l) 값이 같으면 n 값(주 양자 수)이 작은 오비탈부터 전자가 채워지는 것이 선호된다는 규칙이다. 24개의 전자를 가진 크롬(Cr) 원자는 (n + l) 규칙에 따르면 4s 오비탈에 2개 전자, 3d 오비탈에 4개 전자가 배치되어야 한다. 그러나 실제는 4s 오비탈에 있던 전자 1개가 3d 오비탈로 전이하여 3d 오비탈에 총 5개 전자가 배치되어 Cr 원자의 홀전자 개수는 6개가 된다.

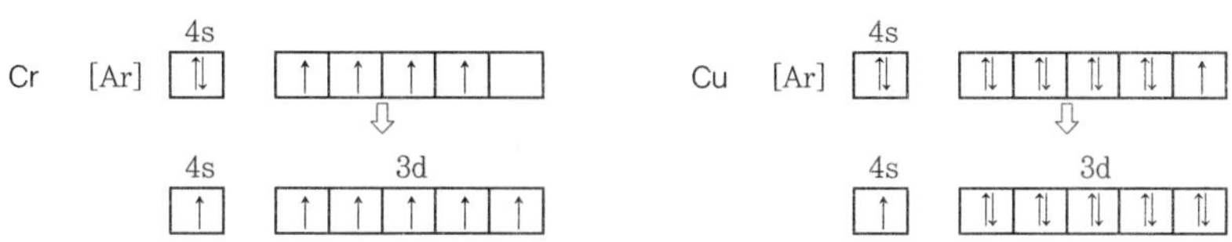

원자 번호 29번인 구리(Cu) 원자의 전자 배치 또한 (n + l) 규칙에 어긋나게 특이하게 나타나는데, Cr 원자와 Cu 원자가 (n + l) 규칙을 따르지 않는 이유는d 오비탈에 전자가 절반 혹은 완전히 채워지는 전자 배치를 할 때 원자 오비탈의 에너지 준위가 더 안정해지기 때문이라고 알려져 있다.

15 어떤 화학 반응이 자발적으로 일어나기 위해서는 $\Delta G < 0$이어야 한다.
따라서 $\Delta G = \Delta H - T\Delta S = 200kJ/mol - T \times 0.500kJ/mol \cdot K < 0$에서 $T > 400K$임을 구할 수 있다. 따라서 이를 만족하는 선지인 ③을 선택한다.
〈주의〉 일반적으로 ΔG 계산 문제에서 주어지는 ΔH의 단위[kJ/mol]와 ΔS의 단위[J/mol · K]가 같지 않음에 유의한다.

정답 및 해설 12.② 13.② 14.④ 15.③

16 다음은 25℃, 표준상태에서 일어나는 열화학 반응이다. 25℃에서 $C_2H_2(g)$의 표준 연소열($\triangle H^{\circ}$)[kcal]은?

$H_2(g) + \frac{1}{2}O_2(g) \rightarrow H_2O(l)$	$\triangle H^{\circ} = -68$ kcal
$C(s) + O_2(g) \rightarrow CO_2(g)$	$\triangle H^{\circ} = -98$ kcal
$2C(s) + H_2(g) \rightarrow C_2H_2(g)$	$\triangle H^{\circ} = 59$ kcal

① −323　　② −225

③ −205　　④ −107

17 일정한 온도와 압력에서 10mol의 전자가 전위차 1.5V인 전지에서 가역적으로 이동할 때, $|\triangle G|$[kJ]는? (단, G는 Gibbs 에너지이고, Faraday 상수는 96,000$Cmol^{-1}$이다)

① 1.44×10^{-3}　　② 1.44

③ 1.44×10^{3}　　④ 1.44×10^{6}

18 다음 구조식에 대한 설명으로 옳은 것은? (단, x는 전하수이다)

$$\left[\begin{array}{c} \text{H–C(=O)–CH=C(–O:)–H} \end{array} \right]^{x}$$

① $x = -1$인 음이온이다.

② 파이(π) 결합은 4개이다.

③ 공명 구조를 갖지 않는다.

④ sp^2 혼성 오비탈을 갖는 탄소는 2개이다.

16 $C_2H_2(g)$의 표준 연소열(ΔH°)을 구하기 위해서는 다음 열화학 반응식의 표준 엔탈피 변화량을 구해야 한다.

$C_2H_2(g) + \frac{5}{2}O_2(g) \rightarrow 2CO_2(g) + H_2O(l)$, ΔH° = ?

① $H_2(g) + \frac{1}{2}O_2(g) \rightarrow H_2O(l)$	$\Delta H^{\circ} = -68$ kcal
② $C(s) + O_2(g) \rightarrow CO_2(g)$	$\Delta H^{\circ} = -98$ kcal
③ $2C(s) + H_2(g) \rightarrow C_2H_2(g)$	$\Delta H^{\circ} = 59$ kcal

다음 열화학 반응식은 문제에서 주어진 위 3개의 식을 적절하게 정수배를 하여 더하거나 빼서 만들어낼 수 있다. 즉, ① + 2×② − ③을 하면 된다. 따라서 이때의 표준 엔탈피 변화량은 −68 + 2×(−98) − 59 = −323 kcal임을 구할 수 있다.

17 $\Delta G = -nFE = -10 \times 96000 \times 1.5 = -1,440,000J = -1.44 \times 10^6 J = -1.44 \times 10^3 kJ$

18 보기의 구조식은 비공유 전자쌍 5쌍과 공유 전자쌍(결합 수) 9쌍, 총 14쌍의 전자쌍으로 이루어져 있다. 즉, 구조식에서 나타나는 전자의 수는 28개인데, 구조식을 이루는 원자들이 가질 수 있는 원자가 전자 수를 따져보면 4(C)×3 + 6(O)×2 + 1(H)×3 = 27개로, 구조식에서 나타나는 전자 수보다 1개가 작게 나타난다. 따라서 구조식은 총 전하 $x = -1$인 음이온이다.

② 구조식에서 이중 결합은 총 2개이다. 단일 결합의 경우 파이(π) 결합은 없으며, 이중 결합의 경우 1개의 파이 결합을 가지므로, 이 구조식의 파이 결합은 총 2개이다.

③ 다음과 같은 공명 구조를 갖는다.

$$\left[\begin{array}{c} :\ddot{O}: \quad\quad :O: \\ | \quad\quad\quad \| \\ H-C=C-C-H \\ | \\ H \end{array} \right]^-$$

④ sp^2 혼성 오비탈을 가지려면 해당 원자가 중심 원자일 때의 분자 구조가 평면 삼각형이어야 하며, 본 구조의 탄소 모두는 sp^2 혼성 오비탈을 가진다. 따라서 sp^2 혼성 오비탈을 가지는 탄소는 3개이다.

정답 및 해설 16.① 17.③ 18.①

19 다음 분자를 쌍극자 모멘트의 세기가 큰 것부터 순서대로 바르게 나열한 것은?

BF_3, H_2S, H_2O

① H_2O, H_2S, BF_3

② H_2S, H_2O, BF_3

③ BF_3, H_2O, H_2S

④ H_2O, BF_3, H_2S

20 25℃에서 탄산수가 담긴 밀폐 용기의 CO_2 부분 압력이 0.41MPa일 때, 용액 내의 CO_2 농도[M]는? (단, 25℃에서 물에 대한 CO_2의 Henry 상수는 $3.4 \times 10^{-4} mol\ m^{-3} Pa^{-1}$이다)

① 1.4×10^{-1}

② 1.4

③ 1.4×10

④ 1.4×10^{2}

19 주어진 BF_3, H_2S, H_2O 분자 중 BF_3는 무극성 분자로 쌍극자 모멘트의 합이 0이므로 주어진 분자 중 쌍극자 모멘트가 가장 작다. H_2S와 H_2O 분자 중에서는 각 분자를 구성하고 있는 수소(H)와 황(S), 수소(H)와 산소(O)의 전기 음성도 차이를 비교해보면 수소(H)와 산소(O)가 더 크게 나타나므로 이에 기인하는 쌍극자 모멘트가 더 크게 나타난다. 따라서 H_2S 분자보다 H_2O 분자의 쌍극자 모멘트의 합이 더 크다. 따라서 주어진 분자들의 쌍극자 모멘트는 $BF_3 < H_2S < H_2O$ 순으로 나타난다.

20 헨리의 법칙에 따르면 온도가 일정할 때 기체의 (질량) 용해도는 그 기체의 부분 압력에 비례한다. 단위에 유의해서 헨리의 법칙 공식을 이용하여 문제를 풀면 다음과 같은 결과를 얻는다.

$$C = kP = 3.4\times10^{-4} mol\, m^{-3}\, Pa^{-1} \times (0.41\times10^{6} Pa) \times \frac{1m^3}{10^3 dm^3}$$

$$= 1.4\times10^{-1} mol\, dm^{-3} = 1.4\times10^{-1} mol/l = 1.4\times10^{-1} M$$

정답 및 해설 19.① 20.①

서원각 용어사전 시리즈

상식은 "용어사전"

용어사전으로 중요한 용어만 한눈에 보자

중요한 용어만 공부하자!

1. 시사용어사전 1200
   매일 접하는 각종 기사와 정보 속에서 현대인이 놓치기 쉬운, 그러나 꼭 알아야 할 최신 시사상식을 쏙쏙 뽑아 이해하기 쉽도록 정리했다!
2. 경제용어사전 1030
   주요 경제용어는 거의 다 실었다! 경제가 쉬워지는 책, 경제용어사전!
3. 부동산용어사전 1300
   부동산에 대한 이해를 높이고 부동산의 개발과 활용, 투자 및 부동산 용어 학습에도 적극적으로 이용할 수 있는 부동산용어사전!

- 최신 관련 기사 수록
- 다양한 용어를 수록하여 1000개 이상의 용어 한눈에 파악
- 용어별 중요도 표시 및 꼼꼼한 용어 설명
- 파트별 TEST를 통해 실력점검

자격증

한번에 따기 위한 서원각 교재

한 권에 준비하기 시리즈 / 기출문제 정복하기 시리즈를 통해 자격증 준비하자!